湖北省学术著作出版专项资金资助项目

工程景观研究丛书

万敏 主编

Study of the Affinity for Urban Lake Landscapes
Using the Space Information Database

城市湖泊景观

亲水性与空间信息数据库研究

王贞 向隽惠 张何 著

华中科技大学出版社
http://www.hustp.com
中国·武汉

图书在版编目(CIP)数据

城市湖泊景观亲水性与空间信息数据库研究/王贞,向隽惠，张何著.—武汉：华中科技大学出版社,2017.9
（工程景观研究丛书）
ISBN 978-7-5680-3276-6

Ⅰ．①城…　Ⅱ．①王…　②向…　③张…　Ⅲ．①城市景观-景观设计-研究
Ⅳ．①TU984.1

中国版本图书馆 CIP 数据核字(2017)第 189966 号

城市湖泊景观亲水性与空间信息数据库研究　　　王贞　向隽惠　张何　著
Chengshi Hupo Jingguan Qinshuixing yu Kongjian Xinxi Shujuku Yanjiu

策划编辑：易彩萍
责任编辑：易彩萍
封面设计：王　娜
责任校对：祝　菲
责任监印：朱　玢
出版发行：华中科技大学出版社(中国·武汉)　　　电话：(027)81321913
　　　　　武汉市东湖新技术开发区华工科技园　　　邮编：430223
录　　排：华中科技大学惠友文印中心
印　　刷：武汉市金港彩印有限公司
开　　本：710mm×1000mm　1/16
印　　张：10
字　　数：147 千字
版　　次：2017 年 9 月第 1 版第 1 次印刷
定　　价：98.00 元

To Professor Alan MacEachern

For inspiring me

Thank you.

作者简介 | About the Author

王贞

　　女,湖北省武汉市人。任教于华中科技大学建筑与城市规划学院设计学系,工学博士。中国留学人才发展基金会"水岸保护公益专项基金"联合创始人、主任,武汉市申报"设计之都"特聘专家。主要研究方向为生态环境改善及文化景观保护。近十年来主持国家自然科学基金一项,省部级自然科学基金及社会科学基金多项,已出版学术著作1部,并发表10余篇学术论文。

向隽惠

　　女,湖北省武汉市人。华中科技大学艺术硕士,现任教于武汉工程大学邮电与信息工程学院,为环境设计专业专职教师。主要从事滨水环境、适老环境设计等研究。

张何

　　男,华中科技大学艺术硕士,美国佛罗里达大学建筑理学硕士。主要从事城市可持续发展与气候适应性设计等相关方向的研究,擅长使用Grass-hopper、Revit、ArcGIS和Ecotect等应用软件对场地进行分析模拟。曾跟随佛罗里达大学可持续设计工作营受邀访问荷兰格罗宁根大学与新加坡城市规划局(URA),并针对当地城市水体的规划与设计进行了调研。

本书受到中央高校基本科研基金（编号 2015QN061）的资助。

目　　录

第一章 绪 论

第一节 研究背景

　　湖泊作为地球水生态系统的重要组成部分,同时也是城市重要的水体形式和生态资源,在调节城市小气候、调蓄洪水和改善城市生态环境等方面发挥着不可替代的作用。人类自古就有亲水的天性,我国更是拥有亲近自然、道法自然的悠久历史:孔子在《论语》中指出"知者乐水,仁者乐山",老子在《道德经》中也有"上善若水"的名句。我国湖泊景观的营造史更是源远流长,可以追溯到汉武帝时期所建"建章宫"的太液池[①],之后,理水一直是中国传统园林营造中重要的内容(图1-1)。且自此经唐至清的朝代中,绝大多数优秀的城市湖泊景观一直以园林的形式为帝王将相所私有。粗具现代意义的城市湖泊景观则源自一些毗邻城市且有历史渊源的大型自然湖泊,例如杭州的西湖、武汉的东湖、南京的玄武湖等。此类湖泊靠近城市或者位于城市内部,其或与河流相连,或受山泉活水的滋养,颇受人们青睐,故而经历代疏浚而开发成为中外闻名的旅游景点和城市名片。

　　本书的研究对象——作为城市公共空间的城市湖泊,则是湖泊水体与现代城市建设的有机结合体。人们通过规划设计湖泊景观来塑造新型城市开放景观空间,维护良好的城市水环境,目的是为城市公共生活提供优质的亲水场所。

　　自改革开放近四十年以来,令世界瞩目的快速城市化发展在带来巨大经济效益的同时,也使我国城市的数量、规模和形态都发生了翻天覆地的变化。而城市地区的自然资源也遭受到了意想不到的破坏,特别是包括湖泊

---

　　① 郑华敏. 论我国城市湖泊景观发展及现状[J]. 福建建筑,2008(4):82-84.

图 1-1　竹西草堂图　〔元〕张渥

在内的城市水体面临着越来越严重的水质污染、面积缩小、生态功能退化、景观质量下降、生物多样性锐减等困境。这些城市湖泊的环境问题在很大程度上已经开始制约城市的可持续发展,并为城市居民生活质量的提高埋下了隐患。21 世纪以来,随着全球化带来的社会、经济、环境观念的不断发展,人们逐渐认识到城市湖泊对于城市发展的重要性,城市水环境保护的理念逐渐得到业界、媒体甚至广大民众的认同,城市湖泊生态修复、城市滨水区更新等针对城市水体的理论研究以及规划建设都如火如荼地发展开来(图 1-2)。

我们通过文献检索发现,有关城市湖泊研究的文献以环境科学为主导,其中以研究城市湖泊的水质污染状况及改善方法的居多。而城市建设领域的相关论文则以城市湖泊的生态服务功能、运用植物进行生态修复等研究为主导。其中有关城市湖泊景观的研究文献相对较少,甚至连城市湖泊景观的定义都不明确。因为现代城市湖泊景观是一个复杂、开放、动态的系

图 1-2 城市湖泊

统,过去那种单纯从美学角度探讨滨湖景观营造的方式已经不能适应新时期城市湖泊景观建设的需要。

而地理信息系统(geographic information system,GIS)作为一个收集、储存、分析和传播地球上关于某一地区信息的系统,以其强大的地理信息空间分析功能,在环境及景观规划设计实践中发挥着越来越重要的作用[1],特别是作为强大、灵活的决策支持系统在城市景观设计相关行业受到越来越多的重视。本书从认识城市湖泊景观特征入手,以城市湖泊景观亲水性为切入点,利用 GIS 技术辅助进行湖泊景观亲水性因子的采集和分析,从而试图寻找辅助现代城市湖泊景观设计的科学方法。本书致力于发掘有助于保持城市湖泊水环境的生态质量、塑造可持续发展的城市湖泊景观、实现人与

---

① 宋力,王宏,余焕. GIS 在国外环境及景观规划中的应用[J]. 中国园林,2002,18(6):56-59.

水的和谐相处、保持城市文脉、使人民安居乐业的城市景观设计的新途径。本书的研究内容积极补充了国内外对于城市湖泊景观亲水性研究的不足，也探讨了 GIS 技术在该领域的应用可能和途径，期待本书的研究内容可以指导实践、引发研究。

一、我国城市湖泊环境现状

（一）我国城市湖泊承受着巨大的环境压力

众所周知，水是人类赖以生存的主要物质要素之一。因此，作为人类聚居点的城市，其从建立、发展、繁荣到消亡的过程都与水有着密切的联系，可以说水是城市的命脉。世界上几乎所有的城市都与不同形态的水体有关系，例如依傍着江、河、湖、海、溪、泉等水源的城市。分析成因我们知道，湖泊是地壳运动、大自然侵蚀及堆积作用或人为力量等使得地表形成凹陷地区——湖盆，并且湖盆积水而形成的，其换流异常缓慢且与大洋不发生直接联系，因此大量的湖泊位于乡野和山区，属于自然和半自然型湖泊。与人类联系最为紧密的湖泊类型是城市湖泊，城市湖泊是指那些临近或者位于城市市域范围的具有一定面积的"四周陆地所围之洼地"，它们包括自然形成的和人工开挖的两类[①]。绝大多数城市湖泊属于中、小型湖泊，其水深较浅。

中国是一个多湖泊的国家，并且以分布广泛、类型多样、成因复杂而著称于世。根据第一次全国水利普查资料[②]，截至 2011 年底，我国常年水面面积为 1 km² 及以上的湖泊有 2800 余个，其水面总面积达 7.8 万平方千米。自然湖泊因受降水、径流和地貌条件的影响往往成群分布，我国湖泊主要集中于东部平原、青藏高原、蒙新高原、云贵高原和东北平原这"五大湖区"[③]。而城市湖泊则以长江中下游平原分布最广泛，例如湖北省就有"千湖之省"

① 许文杰. 城市湖泊综合需水分析及生态系统健康评价研究[D]. 大连：大连理工大学，2009.

② 中华人民共和国水利部，中华人民共和国国家统计局. 第一次全国水利普查公报[M]. 北京：中国水利水电出版社，2013.

③ 金相灿，等. 中国湖泊环境：第一册[M]. 北京：海洋出版社，1995.

的美誉,其省会武汉市更是有"百湖之市"的雅号。

相较于非城市湖泊来说,城市较高的人口密度和全年可达性使得城市湖泊成为城市公共生活中一个重要的空间。与世界很多发达国家曾经经历过的一样,我国近40年来高速的城市化发展也给城市湖泊带来了前所未有的负面影响,《2016中国环境状况公报》显示,全国112个重要湖泊(水库)中有34%的水质在Ⅳ类[①]及以下,有23%以上的湖泊存在富营养化问题[②]。这些数据是针对大型的城市湖泊而言的,对于数以万计规模小、与人类关系更加直接与密切的其他城市湖泊来讲,情况则更为严重。

通过研究我们发现我国城市湖泊正面临着如下问题。

1. 湖泊萎缩、干涸

湖泊环境的变化最直观的表现就是湖泊面积的扩展或退缩。对于我国的自然湖泊来讲,近几十年来除了少量因补给水源的影响有短时水位上升、湖面扩张等情况外,普遍发生了湖面退缩、水位下降甚至干涸消亡的情况。资料显示截至2009年,在过去的半个世纪我国的近3000个天然湖泊已经减少了约1000个内陆湖泊,平均每年有20个天然湖泊消亡[③]。这种情况的出现一方面是水文、气候等自然环境因素的影响——百年来全球气候以暖干为主要特征,造成湖面蒸发量超过湖面降水量与入湖径流量之和,因而形成湖水均衡亏损量累计递增、"入不抵支"。对于城市湖泊来讲,随着经济发展和人口的快速增长,城市建设的扩张造成了城市湖泊面积锐减。例如"百湖之市"的武汉在20世纪80年代社会稳定、人口迅速增加,为了适应经济发展和人口增长,政府提出了"向荒湖进军,插秧插到湖中心"的运动,随之而来的大量水利建设、围田垦殖致使城市湖泊迅速缩小、分解和消亡,湖面面积

---

① 《地表水环境质量标准》(GB 3838—2002)的表1中除水温、总氮、粪大肠菌群外的21项指标依据各类标准限值分别评价各项指标水质类别,然后按照单因子方法取水质类别最高者作为断面水质类别。Ⅰ、Ⅱ类水质可用于饮用水源一级保护区、珍稀水生生物栖息地、鱼虾类产卵场、仔稚幼鱼的索饵场等;Ⅲ类水质可用于饮用水源二级保护区、鱼虾类越冬场、洄游通道、水产养殖区、游泳区;Ⅳ类水质可用于一般工业用水和人体非直接接触的娱乐用水;Ⅴ类水质可用于农业用水及一般景观用水。

② 中华人民共和国环境保护部. 2016中国环境状况公报[R]. 2016.

③ 来自2009年11月2—5日的第13届世界湖泊大会的相关报道。

较之 20 世纪 50 年代减少率高达 55%,成为武汉市城市湖泊形态、面积和数量变化的鼎盛期。到了 20 世纪 90 年代末,由于新一轮的城市建设发展,"围湖筑房、填湖筑房"运动大量填占了城市湖泊作为建设用地、道路交通用地,致使湖泊面积持续锐减,尽管政府和社会各界对城市湖泊保护问题的关注度不断提高,使得武汉市湖泊萎缩速率明显下降,但其仍然达到了 22.9%[①](图 1-3)。

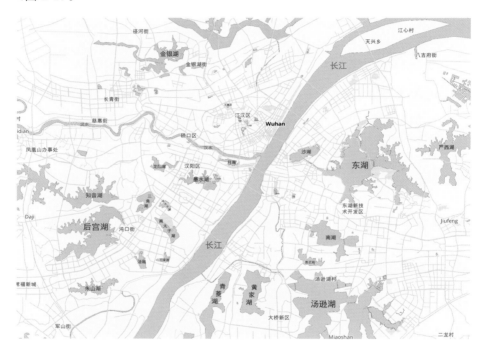

图 1-3 武汉市湖泊分布

2. 水体污染,威胁城市供水安全

随着城市建设步伐的加快,工业发展日新月异、城市人口密度呈逐年增加趋势,大量的工业污水和生活污水就近排放入湖,其中有相当一部分甚至未经有效处理就直接进行了排放。城市湖泊如果接受过量的污水,湖水自

---

① 武静. 武汉滨湖景观变迁实证研究[D]. 武汉:华中科技大学,2010.

净、更新的速度远不及其被污染的速度,很多已经远远超出了湖泊自净能力的上限,这就直接导致了城市湖泊水质急速下滑、水体污染严重,其中最为普遍的问题就是富营养化导致的蓝藻水华和水体黑臭(图1-4)。

图1-4 湖泊水体富营养化

富营养化(eutrophication)是一种氮、磷等植物营养物质含量过多所引起的水质污染现象。世界经济合作与发展组织提出富营养湖的指标为:平均总磷浓度大于0.035 mg/L,平均叶绿素浓度大于0.008 mg/L,平均透明度小于3 m。而大量未经处理的工业废水和生活污水中均含有磷、氮等营养素,且湖泊水体水流滞缓、滞留时间长的特征十分适宜于植物营养素的积聚和水生植物的生长繁殖。当湖泊水体中营养素积聚到一定水平,富营养化的湖泊水体在阳光和水温达到最适于藻类繁殖的季节,大面积的水面就会被藻类覆盖而形成"水花",它不仅使水带有恶臭,还会遮蔽阳光,隔绝氧元素向水中溶解,导致鱼类及其他生物大量死亡。调查显示,1978—1980年,我国大多数湖泊还处于中营养状态,占调查面积的91.8%,贫营养状态湖泊占3.2%,富营养状态湖泊仅占5.0%①。而在2009年11月,中国环境科学学会副理事长、国际湖泊环境委员会委员金相灿在第13届世界湖泊大会上介绍,20世纪70年代我国湖泊富营养化面积约为135 km²,40年后的今天富营养化面积约为8700 km²,激增了60多倍(图1-5)。

图1-5 2017年7月滇池的水污染依然很严重

城市湖泊作为城市的重要水源,一旦遭受污染,对城市安全的威胁是非常大的,例如2007年5月发生在太湖无锡贡湖水厂的饮用水污染事件,使政府和民众对湖泊富营养化和蓝藻水华问题空前关注,市民闻蓝藻色变! 因此城市湖泊的水质安全问题现在已经成为全社会共同关注的重点问题之一。

---

① 谢平.论蓝藻水华的发生机制——从生物进化、生物地球化学和生态学视点[M].北京:科学出版社,2007.

3. 生态功能退化，生物多样性锐减

湖泊不仅是地球上重要的淡水资源库、洪水调蓄库，还是物种基因库[①]。然而在近几十年，特别是 20 世纪 80 年代以来，人类活动引起的湖泊水质下降和水体过度利用等导致了湖泊，特别是城市湖泊生态功能的总体退化，集中表现为鱼类资源种类减少、数量大幅度下降，生物多样性不断降低，高等水生维管束植物与底栖生物分布范围缩小，浮游植物（藻类）等大量繁殖并不断集聚而形成生态灾害[②]。

4. 洪水调蓄能力下降，加重城市洪涝灾害

城市湖泊所承担的防洪功能在保障城市居民安居乐业方面的作用是举足轻重的。但是近 40 年来，城市湖泊大量被填埋、侵占，致使城市湖泊的洪水调蓄容积减少，直接导致其调蓄功能下降，并在相当程度上引发了湖泊和江河洪水位的不断升高。例如 1998 年特大洪水灾害期间，洞庭湖区湖口城陵矶站最高洪水位就分别比 1954 年、1996 年高出 1.39 m 和 0.63 m，达到了历史最高纪录。又如位于长江中下游平原的江汉湖群，其面积由 20 世纪50 年代的 8303.7 km² 下降到 20 世纪 90 年代的 3210.2 km²，约减少了61.3%，其蓄洪能力下降了 80% 左右[③]，这些城市湖泊调蓄洪水能力的大幅下降，直接威胁到城市的防洪安全。

除了日益增加的洪水威胁，城市内涝也是近 10 年来困扰我国大中城市的与湖泊环境变化密切相关的严重环境灾害之一。例如 2012 年 7 月 21 日至 7 月 22 日中国大部分地区遭遇暴雨，其中北京及周边地区遭遇 61 年来最强暴雨，大雨引发严重内涝，受灾人口达 190 万人，经济损失近百亿元，特别是 79 人的遇难造成了巨大的社会影响。而暴雨淹城的景象不仅仅在北京一地出现，近年来武汉、广州、杭州等城市也频遭强暴雨袭击，可说是"逢雨必涝，遇涝则瘫"，"看海"成为全国的流行词。中华人民共和国住房和城乡建

① 杨桂山，马荣华，张路，等. 中国湖泊现状及面临的重大问题与保护策略[J]. 湖泊科学，2010，22(6)：799-810.

② 杨桂山，马荣华，张路，等. 中国湖泊现状及面临的重大问题与保护策略[J]. 湖泊科学，2010，22(6)：799-810.

③ 长江水利委员会长江科学院，中国科学院测量与地球物理研究所，中国水产科学研究院长江水产研究所. 长江中游江湖联系综合评价及闸口生态调度对策总报告[R]. 2006.

设部 2010 年对全国 351 个城市进行的专项调研结果显示,2008—2010 年间全国有 62% 的城市发生过城市内涝,其中内涝灾害超过 3 次以上的城市有 137 个,最大积水时间超过 12 个小时的城市有 57 个之多。经过分析我们发现,尽管不能否认我国城市排水管道设计标准确实落后,但除此之外大量填湖、占湖所导致的城市汇水能力下降也是城市渍水加剧的根本原因之一。武汉市水务局的调查数据显示,20 世纪 80 年代以来,武汉市湖泊面积减少了 228.9 km²,这表明有近 100 个城市湖泊在这期间人间"蒸发"。若以这些城市湖泊平均深度为 1 m 计算,这些被填占、消失的湖泊的蓄水容量高达 2.3 亿立方米,那些本来应该流向湖泊、被其吸纳的降水现在只能在城市内恣意横流,自然加重了城市排水的负担,增强了内涝的程度(图 1-6)。

图 1-6　城市内涝

5. 滨湖空间建设不合理,亲水性较差

城市湖泊本应是自然流畅、丰富多彩的,它应该是城市居民亲近、接触自然的绝佳窗口,是人与自然相互交流的优质场所。但是通过调查我们发现,我国城市湖泊环境的亲水性并不理想:有些城市湖泊疏于管理、杂草丛生,这种问题可能是由于湖泊本身地理位置而造成的通达性差导致的,也可能是由于交通不便造成的,无论哪种物理上的隔绝性都会对城市湖泊服务功能的实现造成巨大影响,即便政府花费巨大投资修建的滨水景观工程,也会由于缺少人使用而日益荒废;而另外一些已经开发成为城市公共休闲空间的湖泊,却因缺少切实针对使用者需求的设计,或者"过度设计"而导致人们很难真正接触到水体,人为地造成滨湖空间的使用不便。

例如交通问题可以导致亲水性差,有些城市将滨湖道路设计为城市主干道,繁忙的机动车交通会阻碍人们安全抵达湖滨;又如几何形硬化湖泊护岸的现象在 20 世纪 90 年代非常普遍,这些工程建设不但使滨湖景观失去了原有的自然形态,生硬而缺少美感,植被的缺失更是使得湖滨空间在夏天缺少遮阴的树木,从而大幅度降低了环境的舒适度;另外很多湖滨景观区缺少必要的环境服务设施,如座椅、亭、台、楼、榭,使得其使用率大幅度降低。以上几点都忽略了城市湖泊景观的亲水性,使得人们即使身在拥有湖泊的城市之中,也很难感受到城市湖泊景观带来的益处。

(二)造成我国城市湖泊环境问题的原因

湖泊是一个复杂的生态系统,既不是地球与生俱来的地质现象,也不是永恒的存在,它是地球地质过程(内、外地质营力作用)的产物,经历着从诞生到消亡的历史过程,是一种自然过程。然而近百年以来的人类活动已经完全、永久地改变了地球的自然环境,突出表现在大气中的二氧化碳(CO_2)水平持续升高、全球气温升高、海平面升高、生物多样性大幅减少等方面,这些现象引起了众多科学家的注意,有人[①]提出地球已经进入了一个崭新的历史新纪元——"人类世"(anthropocene)(图 1-7)。人类世的概念出现至今不过十几年,已经得到了世界上各相关学界和公众的广泛关注和认可,即使地质年代名称的认定和改变绝非一日之功,但不可否认,人类作为一个地质营

---

① 1995 年诺贝尔奖得主荷兰大气化学家 Paul Crutzen 在 2000 年提出"人类世"概念。

图 1-7　Welcome to the Anthropocene(欢迎来到人类世)

力,其农业进步和文明发展已经完全改变了地球生态①。作为自然过程中的湖泊,特别是城市湖泊也不例外,譬如围垦、水利调控、氮磷等污染物排放、

---

① McNeill J R,EnGelke P. The Great Acceleration:An Environmental History of the Anthropocene Since 1945[M]. Massachusetts:The Belknap Press of Harvard University Press,2014.

生物资源过度利用等的影响日益强烈,甚至许多湖泊已是面目全非①,受到人类强烈影响的湖泊已经反过来越来越严重地影响到人类的生活。

通过以上研究,我们可以将全国范围内城市湖泊面临越来越严重的环境问题的主要原因归结于以下几方面。

1. 人口增长

改革开放以前,我国经济发展水平较低,农村经济一直在国民生产中占主导地位。但随着 20 世纪 80 年代后我国经济的腾飞,大量农村人口涌入城市,中国的城市化水平得到了空前发展。我国 1953 年、1964 年、1982 年、1990 年、2000 年和 2010 年的人口普查资料显示,城市化率依次为 12.84%、17.58%、20.43%、25.84%、35.39% 和 49.68%②。2011 年我国城镇化率首次过半而达到了 51.27%,这说明我国城镇人口已经超过农村人口,不再是农业国家(图 1-8)。截至 2017 年 6 月,国家统计局数据显示,2016 年我国城镇化率已经达到了 57.35%。

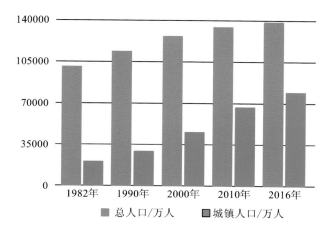

图 1-8 1982—2016 年我国总人口及城镇人口变化情况③

---

① 谢平. 翻阅巢湖的历史——蓝藻、富营养化及地质演化[M]. 北京:科学出版社,2009.

② 城市化网,中国城镇化门户网站。

③ 根据中华人民共和国国家统计局《中国统计年鉴》数据整理,http://www.stats.gov.cn/tjsj/ndsj/。

城市湖泊的主要功能之一就是作为水源地为城市居民提供生活用水。如此大量的人口从农村涌入城镇工作和生活,不但增加了城市从湖泊取水的量,随之而来的就是加大了生活污水的排放总量。生活污水如果不经过有效处理而直接排放到城市湖泊,无疑会导致城市湖泊富营养化严重。因此近40年来,我国城市湖泊因为承载了更多的养分负荷,显示出高营养状态[1],富营养化成为城市湖泊所面临的最严重的生态问题之一。

2. 快速城市化

2016年末,我国城市数量达到657个,全国建制镇数量达到20883个(图1-9),比2012年末增加了1002个。这样速度惊人的城市化发展所带来的城市用地需求量必然激增(图1-10),很多城市原有自然湖泊被填埋改为道路等城市建设用地,由于靠近开放水体的城市住房价格不菲[2][3],引得开发商想尽办法在湖边修建住宅,这也是城市湖泊被挤占的重要原因之一。这

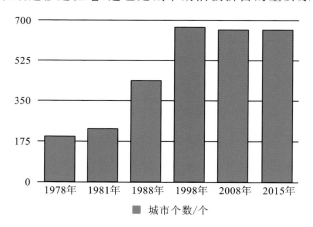

图 1-9 1978 年以来我国城市数量增长情况

① Naselli-Flores L. Urban Lakes:Ecosystems at Risk,Worthy of the Best Care[J]. The 12th World Lake Conference,2008:1333-1337.

② Mahan B L,Polasky S,Adams R M. Valuing Urban Wetlands:a Property Price Approach [J]. Land Economics,2000,76(1):100-113.

③ Lansford N H,Jones L L. Marginal Price of Lake Recreation and Aesthetics:an Hedonic Approach[J]. Journal of Agricultural and Applied Economics,1995,27(1):212-223.

导致几乎全国所有的城市湖泊都在快速缩小和消失;并且越来越多的湖泊岸线被渠化,导致湖泊自然生态过程被阻断,自净能力降低。

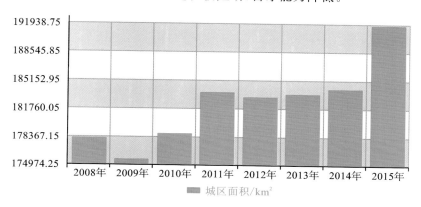

图 1-10 2008 年以来我国城市城区面积增长情况①

3. 快速工业化

工业污水中有多种多样的污染物,其对人体的危害也各不相同。按污染物的性质大致可以分为 4 类:物理性污染物,无机污染物,有机污染物,植物性营养物质氮、磷和病原微生物。物理性污染物来自于某些工业废水,如印染废水、选煤废水、农药废水等,它们具有独特的颜色与气味,从而引起人的感官不悦。水中的悬浮物可能堵塞鱼鳃,导致鱼的死亡。这些悬浮物又是各种污染物的载体,随水流迁移,可能影响人体健康。工业生产排出的废水,常含有酸、碱性污染物和各种无机盐。酸、碱性污染物使水体 pH 值发生变化,而当 pH 值大于 8.5 或 pH 值小于 6.5 时,会消灭或抑制微生物的生长,这对水生生物当然是有害的。无机盐能增加水的渗透压,对淡水生物及植物生长不利,同时会使水的硬度增加,从而使工业用水的处理费用增加。某些无机盐类如砷的化合物、氰化物、氟化物等,也是毒性较大的污染物。这些工业有毒废水、污水的不达标排放往往导致承纳其排放的城市水体(往往是城市湖泊或城市河流)水质严重下降。尽管国家出台了各项政策法规

---

① 根据中华人民共和国国家统计局《中国统计年鉴》数据整理,http://www.stats.gov.cn/tjsj/ndsj/。

严格控制工业有毒废水、污水的排放,很多厂家也不得不按国家规定购买或建设了末端处理设备,但是高昂的运行处理费用使得一些企业想方设法漏排、偷排,加之执法不严,成为城市各类水体水质污染长期得不到解决的主要原因所在。

4. 建设管理落后

城市湖泊通常是浅水湖,并且肩负着不同的生态及社会需求。相对于其他类型的湖泊(远离城市的非城市湖泊)来说,城市湖泊更为复杂和多变。而专家们并不是真正了解城市湖泊,因为中外城市湖泊相关方面的专业型管理者,多出身于规划师、建筑师或景观设计师,他们较少具有生态学或相关学科的教育背景,因此往往在管理过程中仅将城市湖泊视作城市公园或者城市开敞空间的一部分,将其当作休闲娱乐资源进行建设和管理,因此城市湖泊的生态功能非常容易被忽视(图 1-11)。这也是城市湖泊面临如此严峻的环境问题的重要原因,而且是非常隐形的原因。

图 1-11　城市建设直逼湖泊

(三) 我国的城市湖泊保护政策及其效果

城市湖泊不但对城市工农业生产及人民生活有着不可估量的保证作

用,并且发挥着巨大的经济效益(图 1-12)。20 世纪 70 年代以来,国家及各级政府对城市湖泊的保护付出了巨大的努力,包括制定政策、实施管理和治理污染。

图 1-12 人类对城市湖泊的利用

国家层面的政策包括:①1979 年 9 月 13 日,第五届全国人大常委会第 11 次会议通过了我国第一部环境保护法《中华人民共和国环境保护法(试行)》,对湖泊、水库水质保护做了明确的规定,1989 年 12 月 26 日第七届全国人大常委会第 11 次会议通过并颁布的、于 2014 年 4 月 24 日第十二届全国人大常委会第 8 次会议修订、于 2015 年 1 月 1 日开始实施的《中华人民共和国环境保护法》;②1983 年 9 月,国家颁布了《地面水环境质量标准》,于 1988 年、2002 年进行了修订;③1984 年 5 月 11 日,第六届全国人大常委会第 5 次会议通过了《中华人民共和国水污染防治法》,于 1996 年、2008 年、2017 年(第十二届全国人大常委会第 28 次会议,6 月 28 日)进行了修订;

④1989 年 7 月国家颁布了《饮用水水源保护区污染防治管理规定》,于 2010 年 12 月 22 日进行了修订;⑤2002 年 8 月 29 日第九届全国人大常委会第 29 次会议通过了《中华人民共和国水法》,于 2016 年进行了修订;⑥国务院于 2015 年 4 月 16 日印发了《水污染防治行动计划》(简称"水十条"),该文件以改善水环境质量为核心,将水体的改善程度作为考核标准,是当前和今后一段时期内全国水污染防治工作的行动指南。

除了以上通用的法律法规,国家还出台了相应的技术及管理政策等以促进各地对法规的有效实施。例如在 1986 年 11 月,当时的国务院环境保护领导小组(今国务院环境保护委员会)发布了《关于防治水污染技术政策的规定》。

地方上也颁布了一些法规对城市湖泊进行保护,例如有"百湖之市"雅称的武汉市,在 1999 年颁布了《武汉市保护城市自然山体湖泊办法》[①],对山体和湖泊提出了相应的保护办法,并为武汉市湖泊划定不同级别的保护线;在 2002 年颁布了全国首个地方性城市湖泊保护条例《武汉市湖泊保护条例》[②],并在实施后进行了多次修改:2010 年 9 月,武汉市第十二届人大常委会第 27 次会议通过修正,2015 年 1 月 9 日,武汉市第十三届人大常委会第 26 次会议通过,2015 年 4 月 1 日湖北省第十二届人大常委会第 14 次会议批准。

尽管国家和各级政府加大了对城市湖泊的保护力度,也在不同程度上引起了社会各界的关注,但是在社会发展和经济利益的驱动下,城市湖泊的破坏现象未得到根本性遏制。人类为了自身生存和发展几乎是"逢水必坝""遇弯必裁",大量出现的道路、桥梁、堤坝等城市基础设施以及房地产开发建设项目不断填埋水体、断流渠化使得各地的城市湖泊均有不同程度的破碎化与缩减消失。更为严重的是对城市水体的污染破坏行为屡禁不止。统计显示,全国地表水控断面中仍有近 1/10(9.2%)丧失了水体使用功能(劣于 V 类),24.6% 的重点湖泊(水库)呈富营养状态,城镇河流、沟渠、湖泊等水体很多有不同程度的黑臭现象,全国 4778 个地下水水质监测点中,水质较差的监测点占 43.9％,极差的比例则为 15.7％[1],很多城市湖泊几乎都已经到了"死亡"的边缘——水体基本上是丧失使用功能、无任何生态价值的"死水"。例如 2012 年的武汉市水质监测数据显示,所选取监测的 25 个城中湖中,有 11 个水质为劣Ⅴ类,6 个为Ⅴ类,剩下的 8 个为Ⅳ类,可见我国城市湖泊正经受着巨大的伤害,不容乐观。

二、GIS 技术在城市环境建设领域的应用

城市环境建设领域的各类规划设计工作是多学科综合的挑战,它们的主要目的是对于人居环境所处的自然和人文资源做可持续的利用和管理,包括保护那些独特和稀有的资源特征,控制对有限资源的使用,缓解负面影响,管理景观变迁,并且将人类的发展放置到合适的区域之内[2][3]。此领域内的规划方法和技术因其目的和目标、时间和空间框架、数据的可获取性、政策支持、公众参与以及主要的驱动问题的不同而各异[4]。尽管该领域传统上以定性研究为主,但近几十年以来,越来越多的量化研究方法与技术参与到其中,地理信息系统技术(GIS)是其中一个非常突出的代表(图 1-13)。

输入数据集
Input Dataset

地理信息数据处理
Geoprocessing Tool

新数据集
New Dataset

图 1-13　地理信息数据处理的基本原理

①　马新萍. 解读"水十条"为何以改善水环境质量为核心[N]. 中国环境报,2015-4-23.

②　Kiemstedt H. Landscape Planning:Contents and Procedures[J]. The Federal Minister for Environment,Nature Protection and Nuclear Safety,Germany. 1994.

③　Ahern J. Spatial Concepts,Planning Strategies and Future Scenarios:a Framework Method for Integrating Landscape Ecology and Landscape Planning[M]//Landscape Ecological Analysis. NewYork:Springer,1999:175-201.

④　Schaller J, Mattos C. ArcGIS ModelBuilder Applications for Landscape Development Planning in the Region of Munich,Bavaria[J]. 2010.

（一）GIS技术的发展

从全球角度来看，现代城市的发展规模已经达到了空前的程度——全球超过58％的人口生活在城市[①]，据预测分析，这一数字在2030年将增长至70％[②]。越来越多的超大城市、城市群使得城市的功能体系也愈趋复杂，环境保护与城市建设体系的耦合已然成为全社会探讨的重要课题，如何合理地处理城市环境，决定着人类未来的生存状况。然而直到20世纪初期，世界上绝大多数城市的规划与设计者们并未对城市环境问题达成清晰的见解，这很大程度上缘于当时的社会思想与技术手段的双重局限：早期的城市规划、设计领域无论是过程还是成果的表达都极大程度上依赖于手工制图与人工统计分析，而这些工作效率低与设计思维受局限的问题随着城市现代化、复杂化的迅猛发展而越发暴露无遗；同时，这些城市建设者、规划者、管理者的知识背景、逻辑框架也很少有生态学、可持续发展等理论的参与，他们模糊而理想化的城市宏图往往忽略了环境问题，从而违背了现代城市长期可持续发展的需求。

20世纪50年代以后，全世界的政治、经济、哲学与科技开始了迅猛的发展，人们对城市的需求变得更加务实、民主、环保，传统的城市规划体系开始瓦解，一个更为成熟而现代化的规划体系开始承载着现代城市发展的需求，而计算机与卫星遥感技术则是这个转变的核心驱动力。传统的手工制图过程很快就被计算机CAD辅助制图与RS遥感信息影像所取代，人工测量与计算则由现代计算机应用数学统计方法所取代，而规划设计最终的设计成果则由手绘图像与表格转化为电子多维的位图、矢量图像与栅格图像。地理信息系统技术正是计算机技术与卫星遥感技术所结合的产物（图1-14），目前已经被广泛地应用于城市设计与管理的每一个环节，在现今的城市规划、设计尤其是环境领域起着举足轻重的作用。

GIS技术给予了城市的规划者与设计者可靠的决策支持，它能够通过结合硬件、软件、数据和人员等条件相协作，从而将地理空间信息数字化、可视

---

① 2008年，全球城市人口占总人口的比例超过50％。

② SO ODONGO. Urban Heat Island：Investigation of Urban Heat Island Effect：a Case Study of Nairobi[D]. The University of Nairobi，2016.

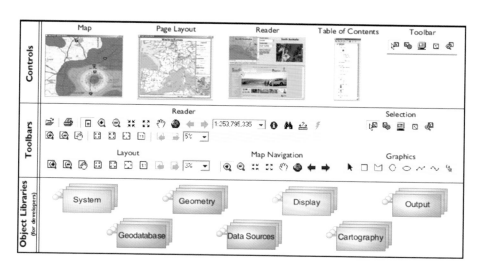

图 1-14　ArcGIS 逻辑应用

化,并且通过对数据库和图像的观察使人们更准确、高效地找到城市环境的问题,分析趋势并从中得到最优的解决办法[①]。GIS 技术依靠自身强大的空间数据管理能力、方便友善的交互界面、出色的空间分析性能以及高度开源的开发空间在早期就已渗透到了城市建设系统下的各个领域,其中环境领域的运用更是大势所趋。早在 1993 年,M F. Goodchild[②] 和 K Fedra[③] 就在各自的专著中对如何使用 GIS 技术处理环境问题提出了一系列可行的策略,包括数据的逻辑框架构建、网络模型、关系式、编程以及最终的地图可视化设计。2006 年,美国环境系统研究所(Environmental Systems Research Institute,Inc. ESRI)出版的 *GIS for the Environment*[④] 对 GIS 技术在城市环境领域的实际操作与实践应用进行了全面系统的描述。随着研究的展

①　Batty M,Densham P. Decision Support,GIS and Urban Planning[J]. Modern Language Review,1996,6(1):723-739.

②　Goodchild M F. The state of GIS for environmental problem-solving[J]. Environmental Modeling With GIS,8-15.

③　Fedra K. GIS and Environmental Modeling[J]. Environmental Modeling With GIS,1993:35-50.

④　Maantay J,Ziegler J,Pickles J. GIS for the Urban Environment[J]. Journal of the American Planning Association,2006,74(2):225-255.

开,GIS 技术在城市环境领域的应用实践开始普及,包括环境指标的评估,城市能耗的分布、空气质量、土地质量、水系状态的检测、城市微气候的检测、城市交通状态、居民行为、基础设施建设、房屋建设、自然与人工景观的建设、城市生态系统模拟、城市污染状况分析、经济产业状况分析以及相关政策管理的实施情况在内的内容都可以通过 GIS 的信息数据库处理得到直接或间接的反映(图 1-15)。

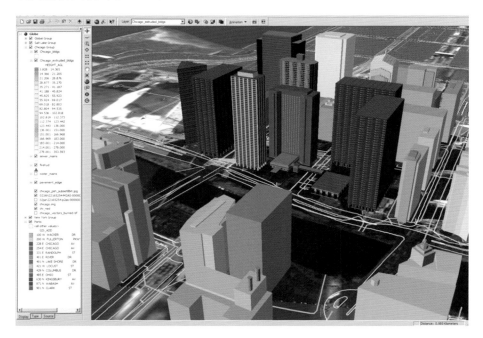

图 1-15　ArcGIS 3D CITYengine 立体成像

(二) GIS 在环境领域的具体应用

GIS 本身提供的是一个将信息综合汇总、分析处理的平台,特别是其强大的地理信息空间分析功能及与地理相关或以地理方式描述表达的信息,强烈地影响着人们的决策行为,因此在城乡环境建设及管理中发挥着越来越重要的作用。

1. 辅助环境管理信息系统的运作

环境管理信息系统(environmental management information system,

EMIS)用于环境管理,其主要功能是借助环境信息数据库对环境的质量和状态进行预测和控制,并为环境管理办法提供决策和支持[①②③]。美国环境保护署(U. S. Environmental Protection Agency,EPA)目前拥有种类繁多的环境信息管理数据库,其涵盖了自然环境、人工环境以及人口状况等方面的内容,并且可以积极地与其他政府机构数据库协同工作,例如,计算机辅助突发事件操作管理系统、环境影响计算机系统、国家水数据交换系统、地下水联机等。随着信息种类的增多和统计分析难度的增大,这些环境信息的管理手段越来越高度依赖于先进的网络数据库技术。地理信息系统技术的发展与集成可以使得这些需求成为现实,并且使得 EMIS 得以面向大数据网络、跨平台协作,从而更加智能、精确。各个国家和各级政府机构,尤其是美国,花费了巨大的人力、物力和财力,不仅成立了相关信息机构(PLSS、USGS、NSDC、NCGIA),建立起了庞大的资源信息数据库,提供廉价的信息数据,而且还制定了相应的政策、标准、法令和法规(SDTS)[④]。目前国内部分城市也开始或已经建立了各自的 GIS 环境管理系统,管理者可以通过该系统对城市环境,尤其是各类污染源信息进行搜索、存储、计算分析、申报以及共享。

2. 辅助环境自动监测系统的构建

建立环境自动监测系统是目前全球各地区节能减排的主要手段之一,其通过环境地理信息数据的采集与交换网络体系的桥接,来对环境状态进行数据监测并完成分析。目前自动环境监测技术以在线监测和遥感监测为主,相比传统的人工场地监测,GIS 辅助的自动监测系统在保证数据精确的同时极大程度地节省了成本资源。GIS 技术还能够为环境监测系统搭建信息数据库平台(包括数据获取、数据处理、数据组织与存储、数据可视化、数据服务与共享等)。其中 GIS 提供的地图操作平台能够通过可视化窗口随

①　王桥,魏斌. 国家环境地理信息系统建设与发展研究[C]//中国地理信息系统协会 1999 年年会. 1999.

②　傅国伟,程振华. 水质管理信息系统的开发与设计[J]. 环境科学,1998(4):4-12,98.

③　袁进春. 环境管理信息系统的研究现状和发展趋势[J]. 环境科学,1987(5):77-81.

④　宋力,王宏,余焕. GIS 在国外环境及景观规划中的应用[J]. 中国园林,2002,18(6):56-59.

意调整视图,直观地观察信息的分布并且提供图上信息编辑功能,对环境信息进行加工处理。GIS 还可以为监测系统提供图层信息、编码与表格信息的输出,以便于空间信息的叠加分析、查询以及与其他系统的合作使用。目前,国内在大气状态、水质状态以及城市噪声等方面的自动环境监测领域已经普及了 GIS 系统的使用,某种程度上可以说在源头上最大化地降低了各类环境污染事故的发生。

3. 辅助环境影响评价体系的指定

环境影响评价(environment impact assessment,EIA)是指用于对环境的相关政策、规划、实际项目或计划的正面或负面后果进行评价的系统,是城市可持续建设与开发活动过程中的一种重要手段[1][2]。目前环境影响评价系统已经被广泛地运用到建筑全生命周期能耗评价、环境监测技术、污染物与污染源的跟踪监测、经济效益以及人体健康等领域。EIA 系统自身拥有成熟的算法系统以及逻辑体系,可以直接为 GIS 系统数据提供逻辑运算以及关系式的模拟,GIS 系统则可以为 EIA 提供复杂结构的信息数据管理平台以及数据可视化平台,方便多方的参与与协调。GIS 与 EIA 相互结合可以高效地指导城市建设项目的选址,保证城市环境格局的合理性,为环境保护策略以及项目设计手法提供量化模拟,从而使决策者做出最佳的选择。GIS 技术提供的网络服务端口还能够使得环境信息公开化、开源化,使民众、政府与项目承包方能够及时、清晰地查看环境影响报道,相互制约,促进城市环境的管理和监督。

4. 辅助环境的设计与规划体系

环境规划与环境设计的宗旨在于为城市空间环境的可持续发展提供合理的框架[3]。环境的规划与设计常被视为建设项目与环境保护政策的一系列决策过程,其所有的分析均基于庞大的空间信息数据库,而这些数据的处

① Canter L W. Environmental Impact Assessment[M]. New York:McGraw-Hill,1996.

② Glasson J,Therivel R,Chadwick A. Introduction to Environmental Impact Assessment[J]. Water Resources Protection,2011,32(3):197-198.

③ Beathley Timothy. Planning and Sustainability:the Elements of a New Paradigm[J]. Journal of Planning Literature,1995,9(4):383-395.

理工作量都十分繁杂、庞大,所以往往由于计算与统计的不精准而使规划与设计项目无法达到预想的标准。GIS 在这些方面却具有极大的优越性,因为它能够处理种类庞杂繁多的数据和要素,将不同维度的数据集建立关系模型,并且添加属性值,形成一个统一通用的数据库。如此就使得在方案选择的过程中,规划者能够提取有效的信息,进行制图和可视化模拟、观察项目的演变趋势,同时对比分析不同方案之间的优劣,从而得到最优解决方案,这些精确的量化分析提高了得出方案的效率(图 1-16)。

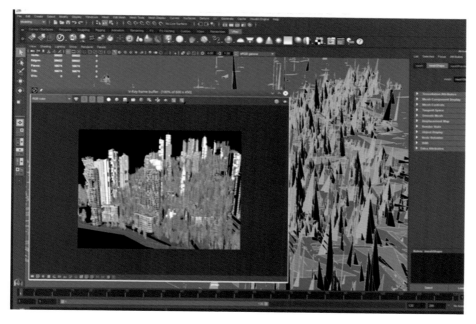

图 1-16　Houdini 结合 ArcGIS 3D CITYengine 立体成像

三、GIS 技术在景观规划设计中的应用

在有关城市环境建设领域的各设计学科中,景观规划设计越来越受到重视。因为它可以通过规划设计保护我们生存的生态环境少受破坏,从而支持人类的可持续发展。在景观规划设计领域的 GIS 技术应用,可以回溯到 19 世纪的 Warren Manning 和 20 世纪的 Ian McHarg,他们在该领域较

早地运用景观叠图作为生态土地利用规划的框架①。自那以后,GIS 技术就因其卓越的地理过程描述和模型建立能力,而作为辅助工具越来越多地参与到环境规划、工程设计中,特别是运用到景观规划设计之中,尤其是电子景观模型的建立和视觉转化方面②。GIS 技术还具有参与景观全规划周期各个阶段设计的能力,包括在设计中进行以库存为目的的数据采集(这点正是本书研究的重点之一)、科学地为设计目标定位、辅助分析方案和预期规划措施的过程等③④⑤⑥。总的来说,GIS 技术的运用有助于提高景观规划设计过程及其结果的科学有效性,从已有的信息数据系统获取面向使用或决策支撑系统的帮助信息⑦。

具体来讲,GIS 技术可以被运用于景观规划设计的以下阶段。

(一) 数据采集

首先,数据采集在所有的规划设计工作中都是必需的。可以利用田野调查,由现有的主体数据源获取,或者由已有数据库或监控系统(例如遥感)转换而来⑧。例如利用全球卫星定位系统(例如 GPS、GLONASS 等)通过移

① Dangermond J. GIS——Geography in Action[J]. ArcNews,v. 30,n. 4,2008:6-8.

② Schwarz-v. Raumer. GeoDesign-Approximations of a catchphrase[J]. Buhmann/Ervin/Tomlin/Pietsch(Eds.):Teaching Landscape Architecture-Prelimenary Proceedings,Bernburg,106-115.

③ Ervin S. A System for Geodesign[J]. Buhmann/Ervin/Tomlin/Pietsch(Eds.):Teaching Landscape Architecture-Prelimenary Proceedings,Bernburg,145-154.

④ Steinitz C. Landscape Architecture into the 21st Century-Methods for Digital Techniques[J]. Buhmann/Pietsch/Kretzler(Eds.):Digital Landscape Architecture 2010,Wichmann Verlag,VDE Verlag GmbH,Berlin and Offenbach,2-26.

⑤ Flaxman M. Fundamentals of Geodesign[J]. Buhmann/Pietsch/Kretzler(Eds.):Digital Landscape Architecture 2010,Wichmann Verlag,VDE Verlag GmbH,Berlin and Offenbach,28-41.

⑥ Arnold V,Lipp T,Pietsch M,et al. Effektivierung der kommunalen Landschaftsplanung durch den Einsatz Geographischer Informations Systeme[J]. Naturschutz und Landschaftsplanung,2005:349.

⑦ Gontier M. Scale issue in the assessment of ecological impacts using a GIS-based habitat model-A case study for the Stockholm region[J]. Environmental Imapct Assessment Review,2007,27(5):440-459.

⑧ Matthias Pietsch. GIS in Landscape Planning,Dr. Murat Ozyavuz(Ed.),http://www. intechopen. com/books/landscape-planning/gis-in-landscape-planning.

动设备终端来采集信息是目前非常热门的研究方法，就像目前从中国传播到世界范围的"共享单车"，其海量的骑行数据可以用来分析非机动车交通的出行需求、交通网络的供需关系，而且还可以用来帮助形成交通运营策略，并且可视、可改、可参与，真实而有效（图 1-17，图 1-18）。

图 1-17 遍布中国多个城市的 ofo 共享单车

（二）数据分析

其次，在景观规划设计过程中景观的功能（例如调节作用、载体作用）、信息的交换（例如空间规划与景观生态）等都需要共同发展，这就要求其必须经过缜密的分析。

例如在景观连接度的研究中，土地利用的改变和生态网络物质及功能的断裂代表了生物多样性驱动力的丧失。而根据逐渐上升的数据需求，我们可以将有关连接度的分析划分成三种不同的类型：结构连接度、潜在连接度和实际连接度[①]，并通过数据来量化景观连接度的分析，并佐以图示。图论（graph-theory）可以基于很少的数据进行运用，并且不像其他理论那样敏

---

① Calabrese J M，Fagan W. A Comparison-Shopper's Guide to Connectivity Metrics[J]. Front Ecol Environ，2004，2(19)：529-536.

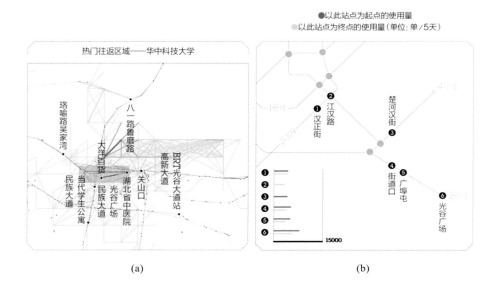

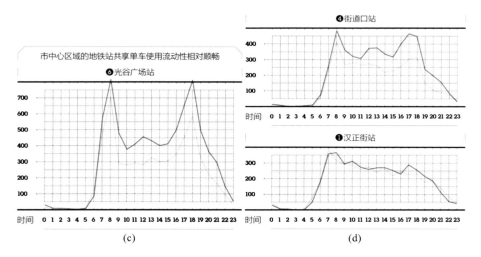

图 1-18　共享单车数据分析

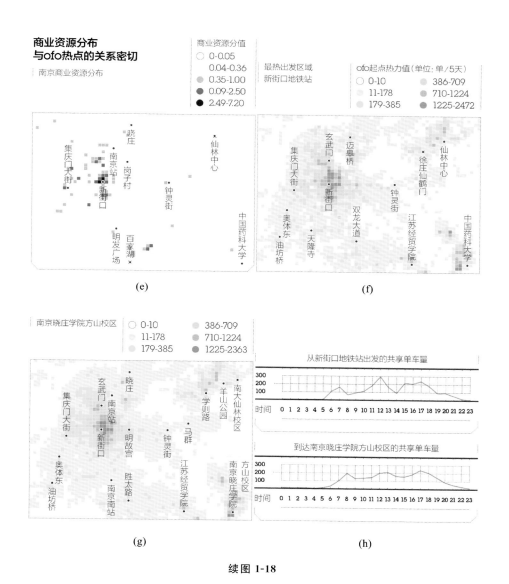

续图 1-18

29

感地依赖于尺度变化。

GIS 技术还可通过进行多指标评价（multi-criteria evaluation，MCE）来分析景观功能，或者用于保护生态和保护规划中的物种分布、栖息地或种群数量模型的建立等方面（图 1-19）。

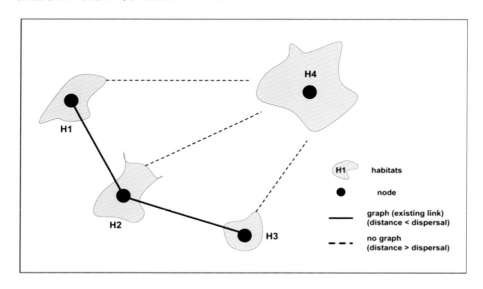

图 1-19　节点和景观图形代表着景观中的栖息地和连接度

（三）参 与

由于每个景观规划设计方案最终都是需要在城镇建设中被实现的，因此将景观规划设计从"专家们"的"纸面"规划转变为可操作的实际规划方案，其中很重要的一个环节就是公众参与部分。这个转变过程中包含着三个要素——信息、媒介和意义。在景观规划方案中，规划师们拥有计划（也就是信息），景观是媒介，而受众（公众、利益相关者等）则获得景观变化的印象（即规划设计的意义）。通常情况下这个交流的过程是由规划师或设计师发起的，而止于受众接受方案或改进设计成果。在传统的沟通过程中，往往出现设计师与受众的信息或表达不对称，相互难以理解，从而产生歧义或矛盾。现在由计算机生成的视觉化形象（例如规划图、图片集、二维或三维的可视化、实时可视化等)在上述决策过程中具有巨大的优势①②③,因为它有助于以形象思维的方式帮助那些"非专家"——不具备专业知识的人们去理解规划设计理念。因为通过 GIS 技术可以视觉化地呈现空间信息数据,并将其与其他媒体相联合(例如网络 GIS 技术等),增强景观规划设计过程中设计师与受众之间的双向交互沟通的效率(图 1-20)。

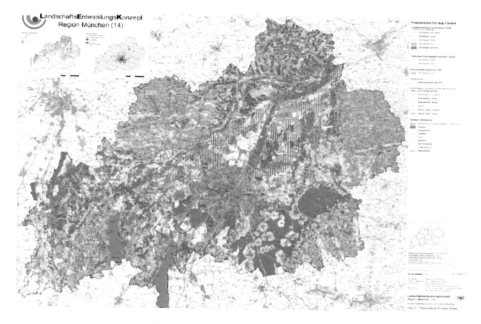

图 1-20 德国慕尼黑土壤状态分析

① Lange E. Integration of Computerized Visual Simulation and Visual Assessment in Environmental Planning[J]. Landscape and Urban Planning,1994,30(1-2):99-112.

② Al-Kodmany K. Combining Artistry and Technology in Participatory Community Planning [J]. Berkeley Planning Journal,2016,13(1).

③ Warren-Kretzschmar B,Tiedtke S. What Role Does Visualization Play in Communication with Citizens? -A Field Study from the Interactive Landscape Plan[J]. Buhmann/Paar/Bishop/Lange(Eds.),Trends in Real-Time Landscape Visualization and Participation,Herbert Wichmann Verlag,2005:156-167.

（四）视觉呈现

GIS 技术在景观规划设计中还有一项非常重要的应用，那就是视觉呈现。由于所有景观规划的成果都需要在标准化的环境系统中呈现，以确保其可以被实施、更新和监测，因此通过将不同规划概念的图层分别表达并叠加在一起，最终创造一个综合方案的过程，GIS 技术可以使它们清晰可见、易于理解（图 1-21）。

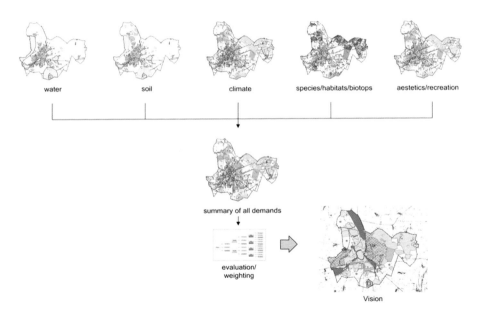

图 1-21 基于不同概念的综合规划图

第二节 研 究 内 容

本书的研究内容紧紧围绕城市湖泊景观。城市居民的生产、生活、休闲娱乐等多种行为的共同作用使得城市湖泊景观不断地发生着变化（无论是自发或是被动的转变），而城市湖泊反过来又极大地影响着城市居民的生产、生活和休闲娱乐，从物质到精神都极大地影响着城市的特征，因此城市湖泊景观的过去、现在和将来都与人类息息相关,值得深入研究。同时,中外学者对于城市湖泊的研究还不够完善,特别缺乏从城市公共空间功能塑造角度出发的研究。本书的研究选取城市湖泊景观的亲水性作为突破口,着重探讨"人"与"城市湖泊景观"二者之间的相互作用关系,同时引入地理信息系统的概念和方法,研究如何对城市湖泊景观亲水性相关的因子进行数据采集、数据整理和数据库构建,为景观规划设计方案的形成寻找有效的途径。

本书着重以下两方面的研究。

一、城市湖泊景观亲水性

人类有亲水的天性。我国自古便将水作为生命之源,例如《管子·水地》篇中记载:"水者,何也?万物之本源也"。我国古代圣贤也有云:"知者乐水,仁者乐山""上善若水"。这些都反映了人们对水这种物质除了生存的依赖,还寄托了深厚的情感。故"亲水"不单指"接近水""接触水",还包含着一种心理上"亲近水"的渴望,这种心理诉求可以体现在"近水、敬水、赏水、玩水、爱水、护水、节水"等不同的形式上,因此城市湖泊景观与人紧密相连,充分体现在"亲水性"这个重要的纽带上(图1-22)。城市湖泊景观的"亲水性"既是对城市湖泊先天环境以及建设情况的一项重要评价指标,同时也是人对于城市湖泊环境空间及使用需求的集中体现,因此亲水性还是研究人与城市湖泊景观相互作用的最重要的途径之一。

本书研究城市湖泊景观亲水性,旨在帮助城市湖泊景观工程设计实践有效地提供其社会服务功能、改善其生态服务功能,让人们有机会在城市湖泊景观环境中获得更好的亲水感受。本书从景观环境和人的需求两个角度出发,研究影响城市湖泊景观亲水性实现的各个因素(图1-23),并运用生态学、美学、环境心理学、地理信息学等相关知识和技术辅助分析,以提高城市湖泊景观的环境质量与社会效益。

二、GIS 技术与城市滨湖环境空间信息数据库建构

城市滨水环境是城市开放空间的重要组成部分,随着城市化的发展,人

图 1-22　人类的亲水天性

图 1-23　亲水活动

们对城市环境质量的要求越来越高,不仅仅停留在基本的生存需求上,而且希望有一个优美的城市公共环境以供城市生活使用。而城市湖泊作为城市中重要的水体组成部分,由于其特殊的生态和社会服务功能,越来越受到公众的重视。城市湖泊景观规划设计的目的已经远远超出了满足视觉愉悦的传统追求,而是需要将生态、健康、环保、可持续发展等作为新的重点关注内容。这些新目标、新内容需要有新的技术支撑,萌发于 20 世纪五六十年代的 GIS 技术为景观规划设计行业翻开了新的篇章。

本书着重介绍了 GIS 技术的构成与发展,并将其在城市环境建设领域的应用情况作了较为详细的阐述。在此基础上,将环境空间信息以及空间信息库的概念进行了较为深入的比对、分析,并将之与城市湖泊景观亲水性所需要的各项要素所对应,从概念、特征、目标和意义上为建立城市湖泊景观空间信息数据库作了充分的准备。最后,笔者将两部分内容耦合在一起,细致地阐述了如何构建城市湖泊景观空间信息数据库,包括子数据库、建库原则、建库步骤等内容。

第二章　基　础　理　论

　　城市湖泊景观亲水性与空间信息数据库的研究是一项综合性较强的工作,它建立在一系列有关城市建设、湖泊及环境治理、生态修复、数据采集与信息整理等相关的科学理论基础之上,涉及生态学、植物学、景观学、美学、环境行为学、遥感信息学、地理信息学等不同学科的若干分支领域,因此厘清这些相关学科的基础理论,对于良好的城市湖泊景观亲水性和高质量的城市湖泊水环境营造都具有重要的意义。

第一节　生　态　学

一、恢复生态学

　　自工业革命以来,机器化大生产带来了生产效率的呈几何级数递增。由于城市建设和工业发展的速度不断加快,人口的剧增使得自然资源的耗损速度大幅度提高,人与自然原本的和谐、平衡遭到了破坏,大量的森林遭到砍伐,淡水资源受到严重的污染,生态环境被严重破坏,地球上的自然生态系统日趋脆弱,一系列的环境问题日益凸显,在这样的背景下,恢复生态学(restoration ecology)这门学科就应运而生。

　　恢复生态学起源于 20 世纪 80 年代,这是一门研究生态恢复的生态学原理和过程的学科,它旨在帮助受损的生态系统进行生态恢复[1][2]。在现代生态学中,否定了早期研究中所认为的生态系统是相对静止的稳定状态,取而

---

　　① 岳隽,王仰麟,彭建. 城市河流的景观生态学研究:概念框架[J]. 生态学报,2005,25(6):1422-1429.

　　② Zev Naveh. 景观与恢复生态学——跨学科的挑战[M]. 李秀珍,冷文芳,解伏菊,等,译. 北京:高等教育出版社,2010.

代之认为生态系统是一个不断变化的过程,而恢复生态学则是通过各类的技术手段如修复、舒缓、更新、再植、重建等寻找这一过程中各因素的最佳平衡点,并尽可能在相对较长的时间段内保持在这一平衡点上,因此,恢复生态学所追求的不是生态的简单还原,而是从自然条件与社会经济等多重现实条件出发,对生境、种群、群落等进行调节,通过人为设计的干预,启动或加强自然环境的自我修复机制,从而帮助生态系统获得自我发展和自我维持的能力(图 2-1)。

图 2-1　湿地生态恢复

　　城市湖泊地处人口密集且建设强度较高的城市区域,其受到人类活动的影响较大,无论是湖泊水体还是湖岸边坡都受到了较严重的干扰,并且正如上文所指出的,部分干扰的程度已经远超出了湖泊本身的承受范围。事实证明,这些干扰会通过环境反作用于人类本身,对城市的可持续发展产生极为负面的影响。对于本书的研究来说,这些干扰无论是对于人的亲水性

心理的满足或者是亲水性活动的进行都会带来一定的阻碍。例如夏季来临，有些城市湖泊水体黑臭，很多湖面漂浮着蓝藻，甚至大量翻塘的死鱼使得人们不再能够也不再愿意亲近它，诸如此类的现象不在少数。因此，在对城市湖泊景观亲水性的研究中，我们需要将恢复生态学的理论运用于湖泊景观亲水环境的建设之中，配合相应的景观设计策略，共同对城市湖泊生态系统进行修复，建设水清湖美、人人可以亲近的城市湖泊景观。

二、景观生态学

景观生态学（landscape ecology）是一门融合了生态学、地理学、城市规划学等多领域知识的综合性学科，主要研究景观类型的空间格局和生态过程的相互作用及其动态变化特征[①]。景观生态学是一门正在深入开拓和迅速发展的学科，不但欧洲和北美的景观生态学有显著不同，就是在北美景观生态学短暂的发展进程中也逐渐形成了不同的观点和论说[②]。景观生态学这一学科的建立使景观设计突破了单从土地的规划利用出发的这一思维局限，从而逐渐扩展到了资源开发、功能优化、生态结构和系统提升等多个方向，并且力求通过景观规划设计去调节人与自然之间现有的矛盾，追求人类活动、生态环境以及社会经济文化三者之间的共融和协同发展（图2-2）。景观生态学还是一门综合的学科，具有跨学科以及多学科相结合的特征，它注重研究景观结构和功能、景观动态变化以及相互作用机理，研究景观的优化格局、优化结构、合理利用和保护措施等[③④]。景观生态学的一个主要目标是认识空间格局与生态过程之间的关系，它强调景观的时空变化。

近年来，越来越多的各界人士认识到，应用景观生态学原理对城市湖泊展开多尺度、多学科的综合研究是实现"自然—人类—水体"可持续发展的必然趋势，因为从景观生态学的角度出发，可以结合城市湖泊的特点提出更

① 王贞. 灌木介入的城市河流硬质护岸工程景观研究[D]. 武汉:华中科技大学,2013.
② 邬建国. 景观生态学——概念与理论[J]. 生态学杂志,2000,19(1):42-52.
③ 傅伯杰,陈利顶,马克明,等. 景观生态学原理及应用[M]. 2版. 北京:科学出版社,2001:56,178-179.
④ 肖笃宁,李秀珍. 景观生态学的学科前沿与发展战略[J]. 生态学报,2003,23(8):1615-1621.

图 2-2　城市滨水景观

为综合的城市湖泊研究框架。针对城市湖泊的研究尺度、格局分析、干扰程度等重要方面进行的分析论述,可以构建城市湖泊的可持续发展预案。景观生态学为城市湖泊提供了一种多尺度、多学科的综合研究场所,可以解决有关湖泊景观的复杂的科学和社会问题,从而为实施城市湖泊的综合规划和管理提供科学支持。景观生态学的原理非常适用于分析城市湖泊的结构和生态过程,因而有关城市湖泊景观亲水性的研究也是景观生态学原理应用的重要领域。

　　以景观生态学为指导的生态型城市湖泊是城市湖泊景观发展的方向。而景观生态学中的生态交错带(ecotone)理论为湖泊生态护岸、亲水性景观

的构建提供了新的视角①。相对于传统的城市湖泊建设而言,它更加注重湖泊景观的空间结构、连接度、宽度及较高的异质性和生物多样性,更多地考虑到生态交错带与邻近系统的相互作用和联系,为湖泊景观的亲水性打下了坚实的物质基础。生态型城市湖泊景观在水、陆生态系统之间架起了一道桥梁,对两者间的物流、能量流、生物流的产生和发展发挥着廊道、连接器和天然屏障的功能,在治理水土污染、控制水土流失、加固堤岸、增加动植物种类、提高生态系统生产力、调节微气候和美化环境等方面都有着巨大的作用。

三、城市生态学

现代城市生态学(urban ecology)通常以人类聚居生活的城市作为研究对象(图 2-3),研究人与城市环境之间的相互作用关系,并且将生态学的理论应用到城市的规划和建设实践之中,通过有机地调节和有效地控制城市发展的机理,合理地协调人与生存环境二者之间的相互关系,从而优化城市结构和功能,以达到提升资源利用效率,进而使城市走上可持续的发展道路。

在城市生态学的研究中,强调从整体出发,多方位地协同发展,追求城市、人口与环境的多方共同促进。在研究过程中,它倾向于将城市运行比作完整的生命,与自然生态系统相比,同样包含了相应的生产、流动、交换、传递等功能。同时,在城市生态学的研究中,还将生态学中的"生态位"(ecological niche)概念借用到对城市发展机理的研究之中,将城市"生态位"定义为一个城市提供给人们的、可被人们利用的各种生态因子(如水、食物、土地、交通等)和生态关系(如生产力水平、环境容量、生活质量等)的总和。

本书试图将这一理论应用到研究中,一方面希望通过湖泊生态位的分析来明确湖泊与整个城市发展之间的必然关联性;另一方面则希望运用生

---

① WANG Z. Application of the Ecotone Theory in Construction of Urban Eco-Waterfront〔C〕//2009 International Conference on Environmental Science and Information Application Technology. Wuhan,2009:316-320.

图 2-3　作为人类聚居地的城市

态位概念来解析湖泊景观与其下属的各自然因子、人文因子之间的关系,通过厘清其竞争、演替与促进机制,尝试了解湖泊各因子与人和城市之间的互动关系,从而帮助总结各因子及其之间的组合关系与信息传递方式,并以此为基础对湖泊景观亲水性因子的作用以及其叠加关系进行深入的探讨。

第二节　环境美学

环境美学(environmental aesthetics)是现代美学研究的一个重要分支,它旨在利用跨学科思维研究人对环境的审美态度。当代西方美学界大力提倡环境美学(the aesthetics of environment)。从美学的自然生态维度来看,环境美学属于自然生态审美的范围,是对"美学是艺术哲学"传统观念的突破。但从学术研究的角度来看,环境美学的文化立场是面对当代严重的生态破坏,强调需要对生态环境加以保护的立场。芬兰环境美学家约·瑟帕玛明确地将"生态原则"作为环境美学的重要原则之一。环境美学还具有极强的实践性,它以景观美学与宜居环境为核心内涵,涉及城乡人居与工作环境建设的大量问题,带有较强的专业性、可操作性、指导性[①]。

　　这门学科突破了传统美学的研究桎梏,将长久以来艺术与自然的割裂状态进行了融合,提倡人对于环境之美的欣赏应该不同于常规艺术品鉴赏,不能只停留在远离其环境本体的观赏阶段,而是需要人进入到环境中进行感知。这一点恰恰是本书研究的主题——城市湖泊景观亲水性的重要美学依据(图 2-4)。因此对于本书研究的内容来说,环境美学是不可或缺的哲学基础。

图 2-4　湖泊之美

①　曾繁仁. 论生态美学与环境美学的关系[J]. 探索与争鸣,2008(9):61-63.

其实环境美学并不完全是"舶来品",我国古代美学中大量的、朴素的环境审美观对于当代环境美学也提供了前所未有的资料与创作源泉。中国古代哲学是"生"的哲学,是在生命的意义上讲述人与自然的和谐关系,无论儒家、道家还是佛家,"生"是核心问题,"和"是精髓,表述了非常深刻的生态伦理思想。例如,儒家"天人合一"思想主张人与自然和谐;道家"道法自然"思想是"天人一体"的哲学,主张"道生万物,尊道贵德",认为人、生命和万物是平等的;而佛家"依正不二"的哲学理念里"依"指环境和国土,"正"指生命主体,"不二"是说主体与环境是不可分割的整体。即使在 21 世纪的今天,这些理念都是极其先进的,值得我们深入研究与继承。

20 世纪 70 年代以后,西方出现的以深层生态学为代表的"新文化"运动,影响了很多环境研究者和美学家。艾米莉・布雷迪就曾指出人类在对环境进行改造时,其审美价值的获得往往是以生态和自然环境受损害为代价的,这样一来,美学的目的往往和我们的道德责任相冲突,如何在达到人与自然和谐的同时,创造审美与道德的共存,就是我们进行实践时所面临的难题之一①。因此,我们应调整大众的审美取向,以符合环境、生态伦理为美。这样的美学理论不仅可以从理论上进行指导,还可以直接影响到工程设计的实践。

随着环境美学研究的深入发展,研究者逐渐意识到人对于环境的融入绝不应该是占领、入侵式的,而应当是一种人与环境的和谐共处。于此,人们对环境的审美需求也开始发生变化,生态性逐渐成为最为重要的标准,在这一基础上,环境美学的研究还衍生出了一个新的分支学科——生态美学(ecological aesthetics)。在生态美学的研究中,提倡所有的环境设计都应当贯穿生态设计的理念。生态美学与环境美学尽管名称各异,但总体上都是包含着生态维度的美学研究,它们之间是互补与共生的关系,共同组成了当代美学领域的生态研究方向。

建设适宜于人类居住、生活、工作的优美环境始终是城市景观建设追求的目标。环境美学不仅体现人与自然和谐统一的理念,而且可以通过对环

---

① 陈望衡. 环境美学的兴起[J]. 郑州大学学报(哲学社会科学版),2007,40(3):80-83.

境美和环境审美心理的研究,深入探讨各类景观建设中美的规律,以便对设计及建设、管理进行具体的指导。因此,人们对环境之美的评断不能再只局限于艺术性和创造性上,而是应该更多地赋予其相关科学的多角度诉求,例如来自于生态学、心理学、伦理学、规划学、工程学等学科的诉求。这种多方位诉求的特性决定了对于环境美的营造不能只是关注视觉上美的享受,而且要充分调动一切可利用的要素,包括自然环境、人文历史、声、光、影等,共同塑造能让人置身其中感到身心愉悦的环境。

无论是西方倡导的生态美学,还是我国学者认同的环境美学,这些富有生命力的新理论为很多相关领域的研究提供了可贵的理论支撑。对于本书所关注的城市湖泊景观亲水性研究来讲,正确的美学理论的支撑往往会对人们的审美取向产生深远的影响,同时也对湖泊景观设计实践具有指导性的意义。

第三节　环境心理学

环境(environment)指作用于一个生物体或生态群落上,并最终决定其形态和生存的物理、化学和生物等因素的综合体。而环境心理学(environment psychology)是一门研究社会实质环境与人类行为及经验之间交互关系的学科。它关注人居环境的特点,以整体观点研究人们在日常生活环境中的行为与经验,将人类与环境视为不可分割、相互定义的整体。环境心理学强调人类主动处理与塑造环境的能力,而非被动地接受环境的刺激,并且不将行为与经验孤立起来,取而代之的是考虑行为发生的脉络,力求将环境和人类的心理结合起来做深入的研究,让环境符合其所要达到的心理反应需求(图 2-5)。

自 20 世纪 50 年代后期,较为系统的环境心理学研究开始发端,以场地理论、知觉心理学为基础成长与发展起来。20 世纪六七十年代,环境心理学有了长足的成长,不但在教育领域,即纽约市立大学有了博士班,而且"环境研究设计学会(Environmental Design Research Association)"也于 1968 年成立,并每年召开一次会议,成为世界上成立最早也是最大的从事环境行为

图 2-5　人的亲水天性

研究与应用的组织。

　　20 世纪 60 年代以前,人们相信自然资源是取之不尽、用之不竭的。1962 年卡逊(Rachel Carson)的《寂静的春天》在社会大众、决策者与学术界引起了极大的震撼,营造环境的问题也引发了广泛关注。经济的增长使得城市急遽膨胀,开放空间萎缩或消失,城市环境失去原有的意义与特色,人的个性、自由与美感表达受到压制。消费者开始要求物质环境的品质受到保障,关心生存环境成为普遍共识,因此环境设计与行为科学的研究相结合成为必然之势。环境行为心理学涉及的主体是人在具体环境中的行为反应,以及某种特定环境对人的长期影响,从而对人的行为习惯产生某种集群的、特定的固化,通过对环境心理的研究可以提升我们在设计中的人文基础。

　　将环境行为心理学与城市湖泊景观亲水性研究相结合,可以将不同人

群在不同时期对城市湖泊景观的使用与感受进行分析总结,评价是否达到设计预期的效果,还可以提供参考标准来辅助设计,对城市湖泊景观的亲水性效果进行提升。

第四节　地理信息学

地理信息学(geomatics)是一个现代的术语,代表了用各种现代化方法采集、量测、分析、存储、管理、显示、传播和应用与地理和空间分布有关的数据的一门综合和集成的信息科学、技术和产业实体,是当前的测绘学、摄影测量与遥感、地图学、地理信息系统、计算机图像图形学、卫星定位技术、专家系统技术与现代通信技术等的有机结合①。

传统的地理学是一门研究地球表层上作为整体及各个事物空间分布规律的科学,它的根本任务是认识地球并合理地开发利用自然资源、保护与改善生存环境、协调人与自然的关系、为经济和社会发展服务②。地理学的发展经历了 3 个阶段,即从公元前起到 19 世纪上半叶的古代地理学,从 19 世纪下半叶到 20 世纪上半叶的近代地理学,20 世纪 50 年代以来的现代地理学。

现代地理学的研究对象和内容从传统的对"地球表面空间地理事件的描述"至"探讨地球表面地理现象的空间分布及其地域组合",而发展到对"地理系统"的研究。由于地理系统研究的是人类赖以生存与生活和影响所及的整个自然环境和社会经济环境,因此传统的研究方法已经难以胜任现代地理系统研究的重任。20 世纪 40 年代,第一台电子计算机的推出,标志着人类进入了信息时代。信息革命把物质、能量和信息紧密地结合在一起,并体现在计算机科学技术日新月异的变化上,成为地理信息学的前奏。20 世纪 60 年代兴起了一种将数学方法和计算机技术应用于地理学的新兴学科——计量地理学,其特征是在地理学研究中,以定量的精确判断来补充定

① 李德仁. 论地理信息学的形成及其在跨世纪中的发展[J]. 世界科技研究与发展,1996(5):1-8.

② 王铮,丁金宏,等. 理论地理学概论[M]. 北京:科学出版社,1994:1-8.

性描述的不足；以抽象的但能反映本质的数学模型来反映具体的、复杂的各种地理现象；以地理过程的模拟和预测来代替对现状的分析与说明；以合理的趋势推导与类推法代替简单的因果关系分析，并以最新的技术手段革新传统的地理学研究方法[①]。计量地理学反映了地理学向定量化发展的历史进程[②]，成为地理信息学的开端。虽然计量地理学的研究方法比传统的地理学研究方法有了较大的进步，但纯粹的模型很难清楚地表达复杂的地理事物，并且它处理的地理信息非常有限。20 世纪 70 年代以来，以"耗散结构"与"自组织理论"的兴起、"协同学"和"突变论"的发展为契机，在现代地理学领域兴起了事、时、空三维的多元分析。但是地理学的科学综合从理论到方法都还没有解决，因此需要现代地理学向新的阶段——地理信息学发展。

地理信息学的支撑科学技术有：地理信息系统（geographic information system，GIS）、遥感技术（remote sensing，RS）和非线性科学（nonlinear science，NS）。其中地理信息系统和遥感技术是与本书研究相关的环境规划设计学科应用最多的地理信息技术，可以在计算机软硬件的支持下对人居环境中有关地理、资源、环境的数据进行采集、储存、管理、运算、分析、显示和描述，是研究城乡环境时空特征的有效手段。通过 GIS 和 RS 技术，有助于研究城市湖泊景观地表物体的特征及其与环境之间的相互关系，建立亲水性因子数据库，更有助于研究城市湖泊景观亲水性与物质环境要素及社会人文要素之间的关系，为亲水景观的营造提供科学有效的数据支撑。

①　苏迎春，周廷刚. 信息地理学的形成与发展[J]. 安徽农业科学，2008，36(34)：15269-15271.
②　张超，杨秉赓. 计量地理学基础[M]. 2 版. 北京：高等教育出版社，1991：1-12.

第三章　城市湖泊景观亲水性

第一节　概念解析

一、湖泊

湖泊(lake)为"四周陆地所围之洼地,与海洋不发生直接联系的水体"。可以理解为由两个因素构成:一是封闭或半封闭的陆上洼地,二是洼地中蓄积的水体。湖泊是一个自然综合体,是由湖盆、湖水、水体中所含物质——矿物质、溶解质、有机质及水生生物等所共同组成的自然综合统一体[①](图3-1)。

湖泊按照成因可分为以下几类。

1. 构造湖

构造湖是在地壳内力作用下形成的构造盆地上经储水而形成的湖泊。其特点是湖形狭长、水深而清澈,如云南高原上的滇池、洱海和抚仙湖、青海湖、新疆喀纳斯湖等。构造湖一般具有十分鲜明的形态特征,即湖岸陡峭且沿构造线发育,湖水一般都很深。同时,还经常出现一串依构造线排列的构造湖群。

2. 火山口湖

火山口湖是火山喷火口休眠以后积水而成,湖面形状是圆形或椭圆形,湖岸陡峭,湖水深不可测。我国著名的火山口湖有长白山天池,深达 373 m,为我国第一深水湖泊。

---

① 王苏民,窦鸿身. 中国湖泊志[M]. 北京:科学出版社,1998.

图 3-1　湖泊

3．堰塞湖

由火山喷出的岩浆、地震引起的山崩和冰川与泥石流引起的滑坡体等壅塞河床，截断水流出口，其上部河段积水成湖，如五大连池、镜泊湖等。

4．岩溶湖

由碳酸盐类地层经流水的长期溶蚀而形成的岩溶洼地、岩溶漏斗或落水洞等被堵塞，经汇水而形成的湖泊，如贵州省威宁县的草海。

5．冰川湖

由冰川挖蚀形成的坑洼和冰碛物堵塞冰川槽谷积水而成的湖泊。如新疆阜康天池、北美五大湖等，芬兰、瑞典的许多湖泊都属于此类湖泊。

6．风成湖

沙漠中低于潜水面的丘间洼地经其四周沙丘渗流汇集而成的湖泊，最著名的例子是我国甘肃省敦煌附近的月牙泉。

7. 河成湖

由于河流摆动和改道而形成的湖泊。它又可分为三类：一是由于河流摆动，其天然堤堵塞支流而潴水成湖，如鄱阳湖、洞庭湖、江汉湖群（云梦泽一带）、太湖等；二是由于河流本身被外来泥沙壅塞，水流宣泄不畅，潴水成湖，如苏鲁边境的南四湖等；三是河流截弯取直后废弃的河段形成牛轭湖，如内蒙古的乌梁素海。

8. 海成湖

由于泥沙沉积使得部分海湾与海洋分割而形成的湖泊，通常称作泻湖，如杭州西湖、宁波的东钱湖等。

从定义中我们不难发现，湖泊的构成有两个重要特点：其一是陆地上封闭或者半封闭的洼地；其二是洼地中必须要有一定的积蓄水体。而在湖泊这个自然综合体中，除了一般肉眼可见的下洼湖盆和积蓄水体之外，还有水体中所含的各类物质，如矿物质、溶解质、有机质以及水生生物等，这些物质共同构成了一个有机整体，形成了完整的湖泊。湖泊水体流动缓慢、更替周期较长是其区别于其他水体类型最为显著的特征之一，因此湖泊内水的动力学、生物学、生态学演变过程与其他流速快、更迭周期较短的水体相比（如江河、溪流等），都有着较大的差别。尽管湖泊中的水体参与整个陆地的水循环过程，但它几乎不与海洋发生直接交换，而且湖泊由于其水体长期处在封闭或半封闭的洼地中，并且更新周期相对较长，所以周边的自然条件、生态环境和社会经济发展等因素对其影响尤为显著，这也造就了湖泊独特的个体性和区域性，形成了每一湖泊有其特有的湖泊环境这一特殊情况。正因如此，对每一个湖泊进行环境特性分析，有针对性地进行数据采集和建库，无论是对于环境的保护，或者是开发建设都具有较强的现实意义。

二、城市湖泊

在城市发展的初级阶段，人类在生活居住选址时，通常会选择在水资源丰富的地区，因为当时的人类几乎需要完全依靠自然的环境和物质来满足自身的生产生活需求，而水是人类生存必不可少的条件。随着生产力的发展和人口的增长，城市的范围越来越大，湖泊开始慢慢地纳入到城市的区域内,成为城中湖,也就是城市湖泊(urban lakes)。简而言之,城市湖泊就是位于城市用地范围内、由洼地积水形成的、水面比较宽阔、换流缓慢的水体①。

(一)城市湖泊的分类

上文介绍了依据成因而划分的湖泊类型,其实还有其他很多种对湖泊分类的方法,例如从湖沼学角度,学者们就可以依据地貌而将湖泊类型划分为 76 种之多②。而本书研究的城市湖泊则因其与人类活动关系的紧密程度,被从湖泊这个大类中独立出来,其既包括自然形成的湖泊,也包括人工开凿的湖泊(或水库),例如北京大学的未名湖。而且共同的特征就是其地理位置都与人类聚集的城市紧密相连。除此之外,美国学者 Tom Schueler 和 Jon Simpson(2001)还对城市湖泊提出了 6 条标准,以区别于其他类型的湖泊,例如他们认为城市湖泊的面积相对较小(在 25.9 km² 之内),且水深较浅(少于 6.1 m),并且强调了城市湖泊必须具备各种城市服务功能,例如休闲、供水、防洪等③。本书是从城市环境建设角度出发研究城市湖泊的,因此有着不同的分类标准和结果。

1. 根据湖泊功能的不同划分

(1)汇水蓄洪式城市湖泊:如洪湖、巢湖、洞庭湖、鄱阳湖等。

(2)区域水源式城市湖泊:江西仙女湖、赤湖等。

(3)休闲游娱式城市湖泊:西湖、东湖等。

(4)生态栖息地式城市湖泊:东湖、鄱阳湖、洞庭湖等。

2. 根据湖泊与城市的空间关系划分

(1)湖在城中:湖泊被包围在城市辖区之内,如杭州西湖、南京玄武湖、济南大明湖、苏州金鸡湖等。

---

① 刘安棋,钱云. 城市湖泊对中国城市周边地区发展影响研究——以苏州、南京、杭州三个典型为例[A]//IFLA 亚太区,中国风景园林学会,上海市绿化和市容管理局. 2012 国际风景园林师联合会(IFLA)亚太区会议暨中国风景园林学会 2012 年会论文集:上册. 2012:5.

② Hutchinson G. A Treatise on Limnology:Geography, Physics and Chemistry[M]. New York:John Wiley and Sons,1957.

③ Schueler T, Simpson J. Why Urban Lakes are Different [J]. Ratio, Urban Lake Management,2004(2):19,2001:747-750.

（2）湖在城边：湖泊位于城市的边缘，如嘉兴南湖、扬州瘦西湖、武汉东湖、昆明滇池等（图 3-2）。

（3）城在湖边：湖泊的面积较大，超出了城市的区域范围，如太湖、洞庭湖、鄱阳湖等大型湖泊与无锡、岳阳、南昌等沿岸城市的关系，再如欧洲日内瓦湖、北美洲五大湖与沿岸城市的关系等[①]。

图 3-2　沿湖的城市

以上所有类型的城市湖泊无论以何种标准划分，其都具有一定的共同特点，例如它们都地处城市之中，周围建筑分布较密集、人口密度相对较大。因此城市湖泊与城市的环境以及人类的行为活动息息相关，它对城市的生态环境建设、城市经济发展及城市文脉传承都具有重要作用，在某种程度上说，城市湖泊景观对城市风貌有着决定性的影响。

---

①　郑华敏. 论城市湖泊对城市的作用[J]. 南平师专学报，2007(2)：132-135.

大多数的城市湖泊面积相对于非城市湖泊来说较小，且水体深度较浅，湖底地势比较平坦，这就使得城市湖泊的生态系统尤为敏感脆弱，易于受城市环境和人类行为活动的影响。工业污水与生活污水的共同排放，导致了湖底的淤积、水体富营养化严重，城市湖泊中点污染与面污染共存，这对于城市环境和人类生存安全都有较大的潜在威胁。因此，如何对本就脆弱的湖泊环境进行保护与修复，更好地平衡城市建设、居民生产生活以及湖泊环境三者之间的关系成为亟待解决的问题。

（二）城市湖泊的功能

　　作为与人类生产生活息息相关的水体类型，城市湖泊很明显地具有两大方面的作用：一是生态功能，二是社会功能。

1. 城市湖泊的生态功能

　　城市是以人工构筑物为主的人类集聚区，并且城市的这种人工痕迹越来越明显，已经成为城市的主体特征。而按照景观生态学理论，我们可以将城市湖泊看作是城市这个基底中珍贵的自然生态斑块，尽管《湿地公约》[①]中将湖泊的面积定义为 8 km^2 以上，但其实城市湖泊无论大小，均是城市所属陆地生态系统之中的湿地生态系统的重要组成，均具有独特的生态和景观价值（图 3-3）。

1）维护城市的生物多样性

　　通常来说由于密集的人类活动的干扰，城市的生物多样性越来越匮乏。但由于城市湖泊一般来讲会比较少受到人类的干扰，特别是较为大型的湖面或者湖心岛的存在，使得滨湖区作为水域生态系统与陆域生态系统的交接处，具有两栖性的特点，并受到两种生态系统的共同影响，因此常常呈现出丰富的生物多样性（图 3-4）。浅水区或湿地水草丛生，是鱼类繁殖、栖息的重要场所，是昆虫密集、鸟类群居之地，是生物多样性最丰富的地区。城市湖泊中的水生生态、湿地生态和陆生生态共同组成了一个较为完整的生态系统，成为城市生物多样性得以保持的重要基地。

---

　　① 1971 年 2 月 2 日，来自 18 个国家的代表在伊朗拉姆萨尔共同签署了《关于特别是作为水禽栖息地的国际重要湿地公约》，简称《湿地公约》，又称《拉姆萨尔公约》。

图 3-3　城市湖泊的生态环境

图 3-4　城市湖泊的生物多样性

2）调节城市微气候

由于城市中人类集聚度较高,因此人类活动对气候的影响表现最为明显的地方莫过于城市。在城市中,居民、交通和工业集中,是产生热能的高度集中区,形成城市独有的"热岛效应",这种效应可使城区和城郊温差高达5～6 ℃[1]。而城市湖泊对于城市热岛效应的调节可以体现在以下几方面:一是增加空气湿度,由于水面的湿度明显比城市大面积的道路、建筑外立面、屋顶等硬质表面要高,因此处于湖泊附近的城市区域明显空气湿度较大;二是降低空气温度,由于水体的热容明显大于城市硬质表面,因此城市湖泊随水面蒸发会在白天吸收更多的热量,夜晚则释放出相应的热量,加之湖泊风也带走一些热量,所以城市温度夏天剧烈升高和冬天剧烈降低的幅度将在城市湖泊等水体的抑制下变得较为温和,这对城市热岛效应的减弱具有明显作用(图3-5)。

图 3-5 城市湖泊缓解热岛效应

---

① 韩忠峰. 城市湖泊的作用及整治工程的环境影响[J]. 环境,2006(S1):12-13.

3）调蓄城市地表与地下水

城市湖泊是天然的蓄水池,大气降水和城市附近区域的排水大多数流往湖泊进行积蓄。城市湖泊对城市降水的截留作用一方面降低了城市排水压力,另一方面也可以保存淡水资源,为城市生活提供健康水源。然而随着城市地区地面不透水材料面积的不断扩大,城市地表水的下渗能力逐渐减弱,这一现象直接减少了城市地下水的补给量,并且由于城市的不断扩容,常常有人为过量抽取地下水的情况发生,使得地下水位降低,地下径流及土壤含水量急剧减少。而城市湖泊就像一个天然的漏斗,不但具有强大的蓄水能力,它还能有效地补给城市地下水,缓解城市地下水资源不足的状况。

4）净化环境、减少噪声

城市湖泊的大面积水体具有自净能力,它可以在一定程度上降低污染物的浓度,调节和恢复受污染的水环境。城市湖泊区域通常拥有比城市建成区更加丰富的植被群落,大量的植物具有吸收 SO_2、CO_2 等气体的能力,并且成片的植物还能降低风速,使空气中的粉尘等颗粒物被吸附,从而净化空气环境。另外,城市湖泊所拥有的大面积水域还是城市空间的自然划分器,将城市建成区的人流、车流阻隔开来,自然而然降低了城市的喧嚣。水域越大,这种降噪的效果就越明显,这也是人们喜爱选择在湖畔居住的主要原因之一(图 3-6)。

5）调节径流、防洪减灾

城市湖泊水体作为城市水利枢纽的重要组成部分之一,具有调节径流、防治洪涝灾害以及蓄水防旱的功能(图 3-7)。在每年的洪期和雨季,很多城市正是由于有了湖泊的大型蓄水空间供排水和调度,才能保证城市避免受灾。关于湖泊的这一功能,我们的祖先早就有论述,例如《尚书·禹贡》中有这样的记述:"大野既潴,东原底平",即言大野泽蓄水后除去了东原的水患;而《农政全书》记载:"易卦坎为水,坎则泽之象也……况国有大泽,涝可为容,不致骤当冲溢之害;旱可为蓄,不致遽见枯竭之形。"这些论述说明当时的人们已经认识到湖泊有调节径流、防治洪涝灾害的作用。

2. 城市湖泊的社会功能

1）城市景观

水不仅是社会、经济发展的重要基础资源,也是自然环境的重要组成要

图 3-6 城市湖泊环境

图 3-7 城市湖泊的防洪减灾功能

素。城市湖泊及其自然特征因其景观的异质性,明显有别于以水泥和钢材为主要材料的建筑、街道和汽车等组成的人工城市景观(urban landscape)。城市湖泊的水体、驳岸、栈桥等都会让人自然地产生亲近的欲望。而城市景观的多样性对于一个城市的稳定、可持续发展以及人类生存适宜度的提高又有明显的促进作用。城市湖泊以其自身丰富而自然的物质特性、形态特性、功能特性的介入,提高了城市景观的多样性,丰富了城市的景观格局,为城市景观的舒适性、稳定性、可持续性奠定了良好的基础(图 3-8)[1]。

图 3-8　临湖的城市具有极其独特的城市景观

2) 游憩娱乐

正如上文所述,由于湖泊自然的地形地貌在城市景象中别具一格,因此其往往能够在城市环境中产生独具魅力的景观,当与城市悠长的历史文脉

---

①　曾庆祝. 浅谈城市河湖的生态作用及建设[J]. 江苏水利,2001(12):12-13.

相结合,就更能形成著名的人文自然风景区,例如杭州的西湖景区,武汉的东湖景区等,它们对城市整体旅游价值的提升具有非常深远的影响。

　　湖泊还能延伸出其他城市休闲、运动、娱乐等功能。例如人类的亲水性突出表现为喜爱亲近水体进行活动,因此城市湖泊周边往往成为居民茶余饭后散步锻炼的场所。随着居民流量的增加,在城市湖泊周围往往可以开拓更多活动场所,例如湖泊周边广场的健身运动设施、划船钓鱼活动区、棋牌休憩空间等。因此湖泊已成为城市独一无二的休闲、娱乐、文化、运动场所(图 3-9),提升了城市的基础设施功能。

图 3-9　湖边的划船等休闲活动区

　　正是因为上述城市湖泊对城市所具有的非同凡响的意义,它的变化及发展与人们的生活息息相关,因此我们要对城市湖泊景观进行深入的研究,并结合空间信息技术使研究更科学,并将研究成果更好地运用于当代城市湖泊景观设计中去。

三、城市湖泊景观

城市湖泊景观(urban lakes landscape)是指"城市中陆域与水域相连的一定区域的总称,一般由水域、水际线、陆域三部分组成",在空间范围上以水陆交界地带为起始点,向水体与陆地两个方向进行延展,根据不同研究的需要,其延展范围也略有不同,一般来说向水体延伸 200～300 m,向陆地延伸 1000～2000 m[1][2]。还有文献将城市湖泊景观界定为"位于城市建成区内部、跨越城乡或城市郊区的湖泊",并且"这些湖泊与城市景观、城市公共空间、城市旅游经济、城市生态环境等方面关系密切"。另有学者将城市湖泊景观看作是连接城市水陆空间的过渡地带,是城市中"湖泊与陆地之间自然及人类社会活动过程中所产生的连接区域,以及对该区域的审美体验,是人与自然、人与人特别是人与地之间的关系发展的综合表现"。

在本书中笔者根据研究需要对"城市湖泊景观""湖泊水环境""湖泊亲水性"等关键概念进行了整合和重新界定,发现本研究所涉及的城市湖泊景观应该包括湖泊水体,水陆交界的岸线(自然或人工)以及岛、洲、边坡等各种地貌的有机组合。不仅如此,本书研究的城市湖泊景观还包含了城市的历史、文化、社会生活等精神要素信息,是物质空间与人文要素的综合体(图3-10)。

四、亲水性

"亲水"的语义来源于化学术语中的"亲水性"(hydropilicity)一词,是用以描述极性分子中一群原子或表面被水溶剂化的趋势,或指极性分子或分子的一部分在能量上适于与水相互作用而溶于水的特性。环境设计学科所涉及的"亲水"概念,最初由日本的山本弥四郎在 1971 年提出,是他在主张塑造城市河流的亲水功能时开始使用的[3]。

---

①　王建国,吕志鹏. 世界城市滨水区开发建设的历史进程及其经验[J]. 城市规划,2001,25(7):41-46.

②　张庭伟,冯晖,彭治权. 城市滨水区设计与开发[M]. 上海:同济大学出版社,2002.

③　盛起. 城市滨河绿地的亲水性设计研究[D]. 北京:北京林业大学,2009.

图 3-10　人与城市湖泊

最初,"亲水性"在相关研究中被狭义地理解为一种地理位置概念,即从与水的位置关系进行判断,以靠近(close to)水或接触(touch)水为评断依据。随着研究的深入,研究者发现这种界定方式并不能很好地概括人对于水的趋向心理(psychology trend),单纯从场地和设施上理解"亲水性",并不能充分体现"河川原本的自然生态特征"①。1991 年,日本学者齐藤治予提出了"亲水规划"的思想,即有意地创造亲水的环境。1995 年韩国学者李在哲将"亲水"的概念引导到心理的层次上,他认为"亲水性"是指在接触水的体验中通过生态界形成心理的、情绪的涵养等环境功能的总称。而 1995 年由日本河川治理中心编制的《滨水地区亲水设施规划设计》则将"亲水性"诠释为活动与精神的双重概念:活动概念的亲水性是指具有戏水、垂钓等娱乐、

---

① 河川治理中心. 滨水地区亲水设施规划设计[M]. 苏利英,译. 北京:中国建筑工业出版社, 2005.

消遣功能,而作为精神的亲水概念则具有通过生态系统以及滨水景观的保护获得心理上、情感上的满足。

综上所述并结合本书的研究内容,作者认为"亲水性"(the water affinity)是环境对人的这种天生向往水的特性的满足程度的集中体现,它既包含了人对于水的接触和感知,还包含了环境为人提供的物质空间和精神氛围等内容,可见"亲水性"这一概念的内涵已由最初的地缘关系、地理概念,逐步拓宽至今日的囊括物质环境、空间氛围、人的心理需求满足以及相应活动等多重含义的综合性概念,它应该指人在精神和物质两个层面对水的需要、接近、向往、追求、探索等一系列行为活动与思维活动的总称,是水与人的"关系"(relationship)的综合(图3-11)。

图3-11 人的亲水性

第二节　城市湖泊景观的亲水性

陆地与水的关系通常被认为是对立的，而滨水地带则被认为是对立双方的界线。同时，滨水区由于生态和社会的多种原因又是非常吸引人的。如果说早期人们亲近水体的目的是基于饮水、食品、运输、商业、工业等需求，那么现在人们渴望对于城市滨水区的亲近，则多来自于城市水体是现代城市生活的三个支柱——地区、经济和环境的原因（图 3-12）。正如 Jane Jacobs 所指出的："滨水区不只是它本身的东西……它连接着其他别的每样东西"[①]。

城市湖泊作为重要的滨水区类型，是城市中可以将自然和文化相融合的最好的地区之一，它往往是城市最有活力的地区，具有体现演变中的自然景观和实现人类各种需求的潜在能力。城市湖泊景观作为人类亲水性在城市环境中的物质体现场所，是一个复杂的综合体，它除了提供亲水的场所，还包含着人们通过使用这些亲水场所进行亲水活动，进而达到物质上和精神上亲水的双重要求的过程。在本书的研究中，笔者将城市湖泊景观的亲水性概括为四个方面的内容。

一、可达性

可达性（accessibility）指的是人们到达滨湖空间的方便程度，也就是湖泊能从各个方向被人看到和靠近，这包括行动的可达性、视线的可达性（可视性）和心理的可达性（感受性）（图 3-13）。

---

① 　KRIEGER A. Remarking the Urban Waterfront[M]. ULI Press，2003.

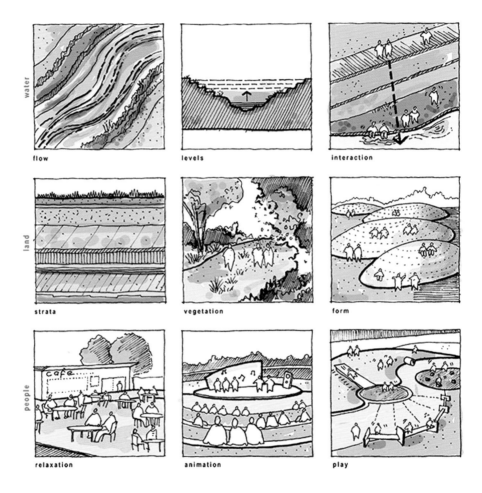

图 3-12　亲水性所代表的"人—土地—水"的相互关系

二、生态性

生态性(ecology)指的是城市湖泊生态环境的质量,包括水质、水量、土壤、植被等生态环境要素的质量优劣。作为城市中典型的水陆交错带(ecotone),城市湖泊景观是联系着城市环境系统与自然原生系统的要素,保持该系统的丰富和强健是为城市湖泊提供亲水可能性的基础。

图 3-13　城市湖泊景观的可达性

三、参与性

参与性(participation)是指人们进行亲水活动的可能性高低(图 3-14)。亲水活动有可能以几种形式发生。视觉上看到水,感受到自然水体的特征,如形态、颜色、肌理、流动等。当湖面视野开阔时还可以感受到水面的平静、秀丽、清纯,进而感受到滨湖景观的开放性和包容性。听觉上闻到水,因为水的流动而产生稳定、持续的背景音,掩盖了城市的喧嚣,净化了听觉空间,人就会感到与水的距离拉近了,水声能激起愉悦的感受、激发人们的想象,使人们对于滨湖景观的体验更加亲切而丰富。触觉上要能碰到水,水的物理特性本身更能加深人们对于水的特性的感知,例如水的凉爽、柔软、流动等能给人丰富鲜明的触觉体验,这些对于评价滨湖景观的亲水性建构成功与否是非常重要的标准之一。

图 3-14　人对水的参与性

四、适用性

适用性（serviceability）指的是城市湖泊的空间形态、驳岸形式、基础服务设施等满足亲水需求能力的高低。我们将适用性定义为在城市湖泊空间中由自然环境与人工环境共同营造的能满足城市居民亲水心理需求的空间氛围，以及为市民提供各类亲水活动的空间场所的共同集合体（图 3-15），它同样包含了物质提供和精神满足两个层次。本书所进行的城市湖泊景观亲水性的研究与实践，可以极大地彰显城市湖泊环境的美学价值、生态价值和社会价值，是实现人与自然和谐相处的重要手段。

图 3-15　湖上运动

第三节　城市湖泊景观亲水性的相关因子

本书旨在研究"人"与"湖泊"二者的关联性,并在此基础上对城市湖泊景观的"亲水性"进行分析,归纳总结与湖泊景观亲水性相关的因子,研究如何通过 GIS 技术对亲水性因子进行采集、整理、分析、建库。

一、自然因素

(一)水体

水体是城市湖泊景观最重要的组成部分,它本身的特性和品质高低对城市湖泊景观的质量以及亲水性的实现有着重要的决定作用,因此,我们首

先要对水体的物理特性进行深入的了解。

1. 水文

水文(hydrology)指的是自然界中存在的水及其变化、运动等各种涉水现象。水文学是研究地球大气层、地表及地壳内水的时空分布、运动和变化规律，以及水与环境相互作用的学科，属于地球物理科学范畴①。

湖泊水文学(lake hydrology)是水文学的一个分支，它研究湖泊水文现象和湖水资源利用，是一门基础性与应用性密切结合的学科②。湖泊水文学主要研究的内容有湖水的水量和水位、水质、运动、热动态、光学、声学、化学以及湖泊沉积等。研究这些湖水的特质可以为水景、驳岸及植物等要素的设计和改造提供有效依据，进而影响水域及岸线的景观效果，以及动物、植物的分布状况，它们与城市湖泊景观建设有着非常重要的相关性。其中与本研究紧密相关的有以下要素。

1) 湖泊水量与水位

在一定时段内出入湖泊的水量(water yield)不同会引起湖泊蓄水量的变化。入湖水量包括湖面降水量和入湖的地面、地下径流量；出湖水量包括湖面蒸发量，出湖的地面、地下径流量以及工农业生产中自湖泊引水的量。湖泊的蓄水量变化，直接反映在湖泊水位(water level)的升降上。在蓄水量不变的情况下，湖泊增减水和湖泊波漾等作用也会引起水位变化。反过来看，湖泊水位数据也是估算湖泊水量的依据。

在湖泊城市景观亲水性的研究中，提取湖泊水量与水位数据是前期必要的资料收集工作。首先，确定最高水位能够为湖泊的堤岸设计提供依据，合适的堤岸高度应该尽量避免湖水上涨给环湖交通系统、建筑群等带来的不便和灾害，同时为确定舒适又安全的亲水距离提供科学依据。其次，水位变化会影响湿地植被分布。因为水位的涨退受季节因素影响较大，可能会导致周期性洲滩的淹没和出露，进而形成植被垂向分布带，从而使生物多样性更加丰富，形成独具特色的湖泊湿地景观。这种层次丰富的湿地植被体现了生态景观的理念，对比轮廓分明的硬质岸线更加容易令人产生亲近感，

---

① 水文基础知识一百问。
② 杨锡臣. 湖泊水文学[J]. 地球科学进展，1991,6(6):60-61.

吸引人们靠近湿地、游赏其中。

2）湖水运动

湖水运动（water movement）是湖水各种运动形式的总称。按照运动形式，湖水运动可分为进退运动和升降运动；按照发生规律，可分为周期性运动和非周期性运动。引起湖水运动的主要因素是风和水的密度差；此外，还受到湖泊水量、不同湖区的气压差异以及地震、地壳运动的影响。湖水运动的研究对湖岸演变、泥沙运动及水生生物活动等有着重要影响，同时能为湖泊护岸工程设计提供资料。

在湖泊景观亲水性的研究中，提取相关的湖水运动资料也是前期重要的资料收集工作之一。首先，湖水运动的强度不仅与护岸高度有着正相关性，同时还提供了护岸的强度指标，在设计中可以根据这些资料选取护岸的材料和形式，而护岸的材料和形式会直接影响人们的亲水心理和亲水可达性。其次，湖水会在风力、气压等因素的影响下形成湖波，湖波时而平缓、时而起伏，会形成动人的湖光水景，吸引人们产生亲水的意愿，从而驻足观赏。

3）水质

水质（water quality）是水体质量的简称，是指水在环境作用下所表现出来的综合特征，它反映着水体的物理性质、化学成分及其组成的状况（图3-16）。自然界中的水是由各种物质所组成的极其复杂的综合体，水中含有的溶解物质直接影响天然水的许多性质，使水质有优劣之分。水的物理特性主要指水的温度、颜色、透明度、气味等；化学成分主要包括溶解和分散在天然水中的气体、离子、分子、胶体物质及悬浮质、微生物等。为评价水体质量的状况，国家规定了一系列水质参数和水质标准，如生活饮用水、工业用水和渔业用水等。

湖泊水质，即湖泊水的物理、化学特性及其动态特征，其状况受许多因素的共同影响。从外部条件来看，其影响因素主要包括气候、地质、补给水源的化学成分以及径流流程中的岩石、植被、土壤条件等。例如降水量和入湖径流量的不确定性造成了湖泊换流缓慢，从而在湖盆中停留时间长。相对于河水来说，湖水水质受气候条件的影响要显著得多。例如在湿润地区，降水量和入湖河流的流入量多于湖面的蒸发量，造成湖泊溢流、湖水矿化度

图 3-16 湖水的水质成为城市湖泊景观亲水性的重要因素

较低;而在干旱地区,蒸发量多于降水量和入湖河流的流入量,会聚积河流带入的化学成分,因而湖水的矿化度较高。

从内部条件来看,影响因素主要包括湖泊本身的形态、大小和湖内生物活动等。湖泊的大小对湖泊水质有着显著的影响:大的湖泊有较强的自我调节能力,因此当湖泊水体远大于入注河流水量的时候,湖水水质的季节性变化和年际变化均不显著。此外,湖内生物(包括微生物、浮游生物、底栖生物等)的生命活动也会对水质造成影响,例如不同种类的水生植物腐烂分解后,有的会对水质有净化作用,有的却会导致水质变差。这些内部因素对湖泊水质,尤其是对湖泊水温、溶解气体和生物原生质的影响很大。这也是湖水水质区别于河水水质、地下水水质的主要特征。

在城市湖泊景观设计中,湖泊水体作为景观组织的核心,其净化和健康维护显得尤为重要。试想人若是面对一片水质较差的湖面,浑浊的湖水、腥臭的死鱼甚至水面垃圾,自然会严重影响游人游赏的心情,大大降低亲水的行为动机,从而影响整个滨湖景区的健康发展。相反,通过水环境保护和治理措施的有效推进,特别是针对工业污染水体、重金属污染水体、富营养化水体及饮用水源水体等不同类型的污染水体研究出不同的净化方式,保证湖泊水质在良好的态势之下。当面对澄澈干净的湖水时,湖光潋滟、水波微漾,湖中适量点缀的一些水生植物与生态型岸线上的植被相呼应,时而见飞鸟,时而闻鱼跃,人们处于此境当然会心旷神怡,也就自然而然地乐于近水、亲水。因此,湖泊水质是城市湖泊景观亲水性研究中的一个重要因素。

2. 岸线

湖泊岸线(lakeshore)是湖泊景观中处于水体和陆地交界处的边界地带,是城市景观中特色突出、自然生态密集、景观层次丰富的地带。

一般情况下,随着湖泊年代增长,沿岸带会不断扩大(图 3-17)。任何湖泊的湖岸和湖水界面都是风浪能量的承受者。湖泊表面积和形态均会显著地影响着风对波浪和水流强度的作用,并最终影响着沉积物迁移运动的趋势。沉积物中的营养物质对于根生水生植物特别重要,大量研究表明,根生水生植物主要从沉积物中获得氮、磷。风浪对湖湾的影响较小,这使得具有许多湖湾的湖泊能够形成更多的沿岸带面积,有利于水生植物在这些区域生长。因此,湖泊形态可以看作是一个影响水生植物的综合因子[①]。

湖岸线曲折度(lakeshore sinuosity)是表示湖岸线曲折程度的尺度,为湖岸线的长度与环绕湖泊轮廓折线长的比值。在湖泊自然形成的原始状态下,曲折是湖岸线的基本属性。通常来讲,湖岸线越曲折多变,相对能够提供的沿岸带生境多样性越高,较容易形成湿地和滩涂,适宜沿岸带水生植物的生长。因此,岸线曲折度越高,生物多样性越好;同时,相应的沿岸带面积增加,湖泊的初级生产力也会提高。一段时间以来,为了给人类提供方便,例如防止堤岸坍塌、利于航道稳定甚至所谓美化环境等,曾经大力提倡对岸线进行固化,致使湖岸的自然属性遭到人为干预和破坏,由此带来一些鱼类

---

① 潘文斌,黎道丰,唐涛,等. 湖泊岸线分形特征及其生态学意义[J]. 生态学报,2003,23(12):2728-2735.

图 3-17　湖泊的岸线

产卵场破坏、水质净化功能丧失等后果,非常不利于城市湖泊生物多样性的保持。现在世界各国都在争取利用人工技术构建生态型岸线,这意味着更多地保留湖泊岸线的自然原始形态,减少对其的破坏。

(二)植被

植被(vegetation)是覆盖地表的植物群落的总称。在自然界中,植被是生物圈及其生态系统的核心功能部分,是生态系统存在的基础,也是连接土壤、大气和水分的自然"纽带",具有改善气候、调节径流、保土固土、防沙治沙、美化净化环境等功能。植物的生长和分布因受到光照、温度和雨量等环境因素的影响而形成不同的植被类型(图 3-18)。

植被在湖泊景观中能够柔化并丰富周边硬质建筑群的轮廓线,与水景相互呼应形成错落有致、步移景异的美丽风景吸引人们游赏、驻足。在湖泊景观设计中,植被扮演着不可或缺的重要角色,是一种柔和的软质景观。因

图 3-18　自然植被

此，收集并了解植被的相关数据，对于湖泊景观亲水性的研究有着十分重要的意义。

1. 植被覆盖面积

植被覆盖面积（vegetation coverage）指的是统计区内植被（包括叶、茎、枝）在地面的垂直投影面积。这里需要与"植被覆盖度"（vegetation fraction）的概念相比较，植被覆盖度是一个程度概念，指的是植被（包括叶、茎、枝）在地面的垂直投影面积占统计区总面积的百分比，这个数值已有较为科学的测量方法，对山坡进行植被覆盖度测量时，应该采用垂直于坡面的角度，而不是简单取用垂直向下的投影。

植被覆盖度是综合量化植被状况的重要参数之一。地表植被覆盖度及其变化状态(数值)的获取是探析地表植被变化规律、分析变化成因、分析评价区域生态系统环境变化规律的基础。因此,植被覆盖面积能够反映一个区域环境内的植被变化和生态系统变化状况。

在湖泊景观区,植被覆盖面积有着更为重要的意义。一方面植被覆盖面积是衡量区域地表植被状况的一个最重要的指标,植被覆盖丰富,会维系区域的生态平衡,有利于恢复被破坏的生态系统,同时美化环境,使人产生亲近自然的心理意愿。因此,我们需以植被覆盖面积作为了解该区域景观环境现状的重要指导。而另一方面,植被覆盖面积又是影响土壤侵蚀与水土流失的主要因子。植被通过其枝干、根系的网络作用可以增加土壤强度,同时截留降雨、减弱溅蚀,保证土壤、边坡的稳固性,起到抗蚀固坡的作用,保证了人们亲水行为的安全性,对于湖泊景观的亲水性研究有着重要意义(图 3-19)。

图 3-19 城市湖泊景观的植被

2. 生物多样性

生物多样性(biodiversity)是指在一定时间和一定地区内所有生物物种及其遗传变异和生态系统的复杂性综合。它包括遗传多样性、物种多样性、生态系统多样性和景观多样性四个层次。

植物多样性是指以植物为主要研究对象的生物多样性研究,实际上是研究由植物单体、植物与环境等植物与环境各要素之间的复合形态及相关生态过程的结合体。目前,国内对于植物多样性的研究主要包括对植物物种多样性的统计、植物保护体系、植物区域系别特征、特有资源性植物、植物群落特征以及植物生活类型组成等方面。在城市湖泊景观亲水性的研究中,我们将植物分为乔木层、灌木层、草本层这三个层次进行研究,主要采集物种丰富度、物种均匀度以及物种多样性指数作为植物多样性指标,对湖泊景观区域原生态结构中的植物多样性进行计算、处理和分析。

1）物种丰富度指数

物种丰富度(species richness)指数是衡量生物多样性高低的常用指数,是通过对一定调查区域范围内物种数目的测定来表达物种的丰富程度,是对范围内实际物种数目的测量。简单来说就是群落中物种数目的多少。

2）物种多样性指数

物种多样性(species diversity)指数是把物种丰富度和重要值结合的函数,是反映个体密度、群落类型、种类数量等情况的指标。

3）物种均匀度指数

物种均匀度(species evenness)指数也是衡量生物多样性高低的常用指数之一,它指的是一个群落或环境中的全部物种个体数目的分配状况(图3-20)。物种均匀度是对不同物种在数量上接近程度的衡量,其反映的是一定调查区域范围内物种数量的均匀程度。其中,多度性指数是指单位面积或单位空间内某种植物的个体数,通常以计数的方法测定。

（三）地形

1. 坡度

坡度(gradient)是地表单元陡缓的程度,是土地资源固有的环境因子之一,对土地利用和土地承载力有直接作用。坡度对土地利用方向和利用方

图 3-20　湖泊的生物多样性

式起着决定性作用,同时也对景观格局的形成有着重要影响。

　　对于本研究来讲,坡度的分级应该建立在其与人类亲水活动的关系基础之上,既结合研究区域的具体地形现状来体现城市湖泊景观的地形特征,又能符合人的亲水行为规律,为较科学的依据。通常可以将湖岸划分为平缓地、缓坡地、斜坡地、陡坡地四个大类(图 3-21)。

　　平缓地,地势平坦,水土流失微弱。在平缓地进行活动,人们会十分轻松,因此亲水活动的舒适感较高,且具有较高的安全性。湖岸平缓地适宜设置亲水平台或小型广场;周围可适当种植一些小型灌木或草本植物,以保证视野的开敞。

　　缓坡地,有小幅坡度,但侵蚀和水土流失并不强烈。在缓坡地进行活动与在平缓地相比较,较容易产生疲累感,但有一定的舒适性和安全性,不易出现造成严重伤害的事件。湖岸的缓坡地可以供人行走、漫步,适宜设置游

图 3-21　湖岸边坡

步道;植被可选择乔木、灌木、草搭配,并考虑一定的季相、色彩因素,营造出步移景异的景观效果。

斜坡地,坡度增大,侵蚀较为强烈,水土流失较为严重。

陡坡地,随着坡度变大,雨水冲刷加剧、侵蚀强烈、水土流失严重。

斜坡地与陡坡地这两种类型的坡地都不适宜进行亲水活动,但可适当根据实地情况设置一些观水、听水的空间,从心理上制造亲水的感受。

2. 坡向

坡向(aspect)是坡面法线在水平面上的投影的方向。坡向也是土地资源固有的环境因子之一。坡向对生物生长有着极大的影响,向光坡和背光坡之间温度或植被的差异常常是很大的。就北半球而言,在辐射吸收上,南坡最多,其次为东南坡和西南坡,再次为东坡与西坡,及东北坡和西北坡,最少为北坡。因此,南坡最为暖和,而北坡最为寒冷,同一高度的极端温差达

3～4℃。东坡与西坡的温度差异在南坡与北坡之间。坡向对降水的影响也很明显。一山之隔,降水量可相差几倍。来自西南的暖湿气流在南北或偏南北走向山脉的西坡和西南坡形成大量降水;东南暖湿气流在东坡和东南坡造成丰富的降水。

这种坡向差别造成的湖岸环境差异对亲水景观的营造具有极大的指导意义,例如像武汉这种冬冷夏热地区,湖泊南岸和北岸的边坡形式需要重点考虑冬季防风、夏季遮阳,否则湖岸的使用率会急剧下降。

(四) 气象资料

1. 天气

天气(weather)是指距离地表较近的大气层在短时间内的具体状态。而天气现象则是指发生在大气中的各种自然现象,即某瞬时内大气中各种气象要素空间分布的综合表现。天气系统通常是指引起天气变化和气象要素分布变化的高压、低压和高压脊、低压槽等具有典型特征的大气运动系统。各种天气系统都具有一定的空间尺度和时间尺度,而且各种尺度系统间相互交织、相互作用。天气很大程度地影响了人们的出行活动。我们针对人类活动,将天气分为以下三类进行分析。

1) 晴天

晴天(sunny),即天空中无云或少云。人们倾向于在温和而晴朗的天气出行,明媚的阳光使人身心舒适,对人们外出游玩有很强的引导作用。例如欧美等高纬度国家,每当晴天,人们都蜂拥到室外享受难得的阳光,其中开敞草坪和水边更是首选的场所。但是低纬度地区酷暑天灼热的阳光又会使人产生不舒适的感受,甚至可能会被晒伤或者中暑等,这些地方的室外景观就需要重点考虑遮阴、降温的设计,例如湖岸区丰富的植被和亭廊等构筑物可以给人们提供避暑乘凉之所,因此好的亲水环境设计能够消解不利因素,聚集人群进行交流、散步、观景等休闲活动(图 3-22)。

2) 风

风(wind),指的是由空气流动引起的一种自然现象,它是由太阳辐射热引起的。太阳光照射在地球表面上,使地表温度升高,地表的空气受热膨胀变轻而往上升,低温的冷空气横向流入,上升的空气因逐渐冷却变重而降

图 3-22 明媚春光中的城市湖泊

落,由于地表温度较高,又会加热空气使之上升,这种空气的流动就产生了风。

　　滨湖景观区域通风条件良好时,其水域与陆域之间会因温差形成特有的"水陆风"。水陆风发生在水陆交界地带,是以 24 h 为周期的一种大气局地环流。夏天的天气炎热,白天的水陆风由湖泊吹向陆地,穿过树木,给人以清凉、湿润的舒适感觉(图 3-23)。为了感受湖风,人们往往喜欢在清晨和傍晚靠近湖边,进行亲水活动;同时,夏天的水陆风也为城市带去了凉爽而清新的空气,有利于缓解城市的热岛效应。但是在冬天,天气较为寒冷,水陆风更会使温度降低,给人们带来身体上的不适,因此,冬天过冷的风会受人排斥,人们往往会因为湖风寒冷而避免去湖边。

　　因此,我们需要收集相应的气候资料,了解一年中每个月的风向和强度、夏季和冬季的主导风风向等。在夏季的主导风风向上设置开阔的草地

图 3-23　湖风

或活动空间,有利于形成凉爽的湖风,并引导风吹向城市;在冬季的主导风风向上设置针叶树林、挡风墙或构筑物以达到防风、抗寒的作用,保证亲水人群的活跃度。

　　3)雨、雪、雾

　　雨(rain)是从云中降落的水滴。雪(snow)是空气中的水蒸气凝结再落下的自然现象,只会在 0 ℃以下的温度及温带气旋的影响下才会出现(图3-24)。雾(fog)是在接近地面的空气中,水蒸气凝结成的悬浮的微小水滴,使能见度下降。

　　雨、雪、雾这类天气对人们的亲水行为有着较大的阻抑作用,尤其是在比较恶劣的情况下。首先,这类天气给交通带来不便。因为滨湖景观区多为开放性的城市公共空间,在这种天气下,城市交通会受到一定程度的影响,人们难以自由地到处走动,也不易到达水边进行亲水活动。其次,这类

图 3-24　雪中的城市湖泊

天气对环境设施的舒适性、安全性造成一定的影响。场地设施如栏杆、座椅等在雨雪天气都使人难以靠近，且无法使用；降水和降雪会使地面变得湿滑，下雾更是会影响人的视线，很容易引起事故；降水会引起水位的上涨，再加上人们的手中必须拿雨具，往往使得人们的亲水行为在安全性和方便性上都大打折扣。但无论如何，这些天气也有其自身的景观魅力，尤其是在滨湖景观区，如果运用得当也能和湖水相映衬，形成独特的观赏景观，正所谓"水光潋滟晴方好，山色空蒙雨亦奇"。

除了这些最为常见的天气现象之外，还有霜、雷、闪、雹、霾等天气现象。因此，在进行城市湖泊景观亲水性调研时，我们需要调查该区域的气候资料，了解该区域长期以来的天气状况，在之后的设计中将各种天气因素考虑进去。首先，滨湖区内，需建造具有挡风、避雨等功能，同时又能保证观景视线的构筑物；其次，从生态的角度入手，充分利用大灌木、乔木等植被的庇荫

作用,给人提供阴凉的休憩地点;最后,在岸线设置亲水步道,充分利用湖泊本身对气温的调节作用。

2. 时段

时段(time)表示客观物质运动的两个不同状态(即动与静)之间所经历的时间历程。时段以时间粒度单位进行度量,通常采用的时间粒度单位是天、周、旬、月、季和年等①。

在滨湖景观设计中,需要考虑到时段的影响。在这里,时段通常细化到以小时为单位,研究一天24 h内的变化,研究人们在不同时段的作息习惯、亲水行为及动机。这主要体现在两个方面,一个是人体生物钟的调节作用,一个是光线的变化。

首先,亲水行为受人们作息规律的影响。在人体生物钟的调节作用下,一天里人的情绪状态一直处于变化之中,由此而形成的活动规律也随之变化。而且不同人群在一天中的活动规律也不同。如对于大多数白天工作的人群来说,只有在傍晚甚至夜晚才有闲暇时间,而老人在清晨和傍晚的户外活动都比较频繁。随着时段的不同,城市滨湖绿地中的人无论在数量还是人群构成上都有很大的变化。笔者曾对武汉市沙湖公园滨湖绿地进行观察,结果显示,早上以附近晨练的居民为主,上午8点以后人数变少,滨湖景观区中的使用者主要以游人和过路人为主,而到了傍晚的时候,滨湖景观区中的人又开始多起来,人群中有放学的学生、下班的上班族、拖家带口来此散步的人等。天逐渐变黑后,公园中的路灯开始亮起来,滨湖景观区中的人群构成又发生了变化,主要以年轻人或情侣为主。

3. 小气候

小气候(microclimate)指的是因下垫面性质不同或人类和生物的活动所形成的小范围内的气候。这里的下垫面,即与大气下层直接接触的地球表面,包括地形、地质、土壤、河流和植被等,是影响气候的重要因素之一。在一个地区内,无论是水域、山地、建筑还是园林都要受到该地区气候条件的影响,但由于小地形、小水面、小植被等不同的状况,使热量和水分收支不一

---

① 盛起. 城市滨河绿地的亲水性设计研究[D]. 北京:北京林业大学,2009.

致，加之受人的活动影响，从而形成地面大气层中局部地段特有的气候状况。较为准确的区域小气候数据需通过多年的观测积累获得[①]。小气候中的温度、湿度、光照、通风等条件，直接影响动植物的生命活动以及人类的生活环境等的改变，因此对城市湖泊景观亲水性的设计至关重要。

二、人工因素

（一）驳岸

驳岸（bank revetment）位于水体边缘与陆地交界处，是为了稳定岸壁、保护水岸不被冲刷或淹没而设置的构筑物（图 3-25）。同时驳岸也是滨水景

图 3-25　驳岸

① 陈伯超. 景观设计学［M］. 武汉：华中科技大学出版社，2010：29-30.

观的重要组成部分,须结合所在地区的地形地貌、地质条件、水面特征、材料特性、种植设计以及施工方法、技术经济要求等条件来选择其构筑形式。在现代城市滨水景观设计中,驳岸的形式直接影响着水体的景观形象,是不可或缺的景观要素[①]。

综合分析,我们可以将城市湖泊景观的驳岸分为以下几种形式。

1.平面式

平面式驳岸在平面形式上通常还包括直线、曲线、折线和垂直岸线等不同形式。

1)平直驳岸

平直驳岸带来单调的景观,客观上只能提供较为单一的游憩活动。在设计中可适当增加各式亲水平台或小广场的设置,使人们能够深入到水边与水进行充分的接触;也可以利用外凸式的亲水平台或伸出的浮桥将人"送入水中",在亲水的同时能拥有更广阔的视野来观赏湖景。

2)曲线驳岸

曲线驳岸形态与水的运动相适应,并且具有连续、多变的景观视角。当进行城市湖泊工程景观设计时,应该在满足水利工程要求的前提下充分尊重原始岸线的自然形态。当曲线的弯曲度较小时,流线型驳岸可以明显减小湖浪冲击,有效避免驳岸受到湖水侵蚀;而当曲线的弯曲度较大时,利用关键转折点可以方便营造视觉和活动的中心区域。总之,曲线驳岸拥有丰富多变的景观,可以极大地提高城市湖泊景观的观赏性(图3-26)。

3)折线驳岸

折线驳岸可增加临水岸线的长度,适宜设置小型游船码头;同时狭窄地段可采用此种方法来扩大岸线空间,舒缓紧张感(图3-27)。但是在滨湖景观亲水性设计中,应避免出现突然的生硬转折,以免产生紊流,影响安全。

总之,驳岸设计应尽量保持并利用湖泊水边原本自然流畅的形态,对岸线转弯处、岸线凹入处以及水中小岛等平面发生变化的地方和主要景观节点进行重点考虑,适当地加强亲水性。

————————

① 树全.城市水景中的驳岸设计[D].南京:南京林业大学,2007.

图 3-26　城市湖泊的曲线驳岸

图 3-27　城市湖泊的折线驳岸

2. 断面形式

1）立式驳岸

立式驳岸又称垂直式驳岸，一般用在水面和陆地的平面落差较大或者水面涨落高差较大的水域边界，或者是因建筑面积受限，在没有充分空间的形势下不得不建的驳岸（图 3-28）。

图 3-28　立式驳岸

立式驳岸的优点在于能够起到很好的抗洪作用,同时有利于节省岸线空间。但这种驳岸形式也会剥夺人们亲近水的心理渴望。原因在于,第一,堤岸断面垂直于水面,往往需要设置护栏等构筑物作为保护设施,致使滨水景观空间被断裂开,虽然与水的实际距离最近,但由于人们不能接近水,所以并不能起到吸引人和引导人的作用,反而拉开了人与水的心理距离①。第二,立式驳岸会给人的视觉心理带来不舒服的感觉。因为当人以正常的姿态观水时,如果无法看到水域的边界,会给人的心理带来不安全感、惧怕感。第三,立式驳岸形式单一、缺乏变化,对人们来说缺少趣味性。因此这种驳岸并不适宜城市湖泊景观的亲水性设计。

2)斜式驳岸

斜式驳岸能加强堤防稳定性,护坡随倾斜度不同及表面堆砌方法的不同,护岸的石面构造与间隙绿化所展现的美景程度也不同。斜式驳岸相对于立式驳岸来说,较容易使人接触到水面,因此能够在一定程度上满足人的亲水性需求。并且从安全方面来讲,斜式驳岸坡度往往较缓,亲水活动场所的安全性比较理想。但适于这种驳岸设计的地方必须有足够的空间。

3)阶式驳岸

为了解决陆地边缘与水面的大落差,使用混凝土浇筑,并使台阶逐渐下落,这种驳岸形式称为阶式驳岸(图3-29)。

对比之前两种驳岸,阶式驳岸使人很容易接触到水体,与湖水发生互动关系,是一种较为亲水的驳岸形式。人们可以在适宜的季节、温度等条件下涉足水中,直接感受水的温暖、清澈与纯净,这能极大地满足人们对于水的心理需求。合理的台阶尺度和高度还可以让人们坐在台阶上舒服地休憩或眺望湖面风光,因此,这种驳岸很适合人们进行亲水活动。阶式驳岸使河道看起来规整、干净,但人工化痕迹较为明显,容易给人造成单调乏味的视觉感受。

3．材质

1)自然驳岸

自然驳岸(natural bank)指几乎没有进行人工处理,保留了湖岸的自然

---

① 赵飞.滨水湖景观岸线设计探析[D].聊城:聊城大学,2014.

图 3-29　阶式驳岸

状态的驳岸(图 3-30)。作为较原始的驳岸形态,其岸栖生物丰富、景观自然协调,能够较好地保持水陆生态结构和生态边际效应,因而生态功能健全稳定,是人们亲水的理想场所。城市湖泊景观的自然驳岸适合用在湖岸坡度自然舒缓、水位落差小、水流平缓的地带。

图 3-30 自然驳岸

2)生物驳岸

生物驳岸(bio-bank)直接使用树桩、树枝插条、竹篱、草袋等可降解或可再生的材料,通过植物生长后的根系固着驳岸,以减少水流对土壤的冲蚀。这种使用生物有机材料的生态驳岸,其岸栖生物也较为丰富、景观比较自然,能够形成自然的湖泊景观和良好的生态效益。生物驳岸同样适用于坡度自然、水位落差较小、水流较平缓的地区。

3)生态驳岸

生态驳岸(eco-bank)是采用石材干砌、混凝土预制构件、耐水木材和金属沉箱等硬质材料构筑的高强度、多孔性的驳岸(图 3-31)。该驳岸形式基本上保持了自然岸线的通透性及水陆之间的水文联系,保有了岸栖生物的生长环境。在工程上通常要在水平面以下约 50 cm 处采用浆砌块石做成自然曲折的岸线,以取得良好的固坡效果。从水线到陆岸,根据植物的生态习

图 3-31　生态驳岸

性依次种植水生植物和耐水湿植物,经过一段时间的生长,工程初期难看的硬质护岸基底将被植物掩饰得天衣无缝,可以达到很好的景观和生态效果,又具有很强的牢固性,非常适宜进行亲水活动(图 3-32)。

图 3-32　恢复后的生态驳岸

4）硬质驳岸

硬质驳岸(hard-armouring bank)采用现浇混凝土和浆砌块石等材料构建而成,稳定、安全,体现了极强的人工化特点,也难免显得僵硬、呆板、不自然(图 3-33)。硬质驳岸主要布置在游人驻足游玩频率很高的地方,如亲水平台、亲水广场和滨水游步道等处,为游人的亲水行为提供了方便。但是,硬质驳岸切断了水陆之间生态流的交换,岸栖生物基本不能生长。硬质景观调节空气温度和湿度的能力也比较差,在一定程度上弱化了滨水空间的空气环流过程,无法形成良好的生态功能。硬质驳岸工程具有较强的稳定性和抗洪功能,适合用于水流急、水面与陆地高差大、坡度陡峭的地段。

图 3-33　硬质驳岸

（二）设施

1. 休息设施

休息设施（leisure facilities）主要是指景观场所中的各种坐具，它为人们使用城市湖泊景观环境做了铺垫和准备。因此，各种坐具的设计在整个城市湖泊景观亲水性设计中占有极其重要的地位。

2. 卫生设施

卫生设施（sanitary facilities）是人们在公共场所中进行室外活动时的必需设施，常见的公共卫生设施主要有垃圾箱和厕所。垃圾箱主要是在公共场合为了保护环境、维持环境的整洁干净而设置的。而厕所则是任何一处城市公共环境中都不可缺少的设备，厕所的建设水平极大地反映了一个城市的文明程度和其景观环境的品质，我们在进行城市湖泊景观亲水性设计的时候,不能忽略对这些人的基本需求的满足。

3．健身设施

随着全民健身活动(physical exercising)的展开,在城市开放空间适当设置健身器材,不但可以方便人们锻炼身体,还是吸引人们参与室外活动、体验环境空间的重要手段,这一方式同样适宜于刺激人们对城市湖泊景观的亲近和使用,健身器材的设置要与滨湖景观场地的大小相适度,还要与周围的环境功能相称①。

4．服务设施

有人的地方就有对服务设施(service facilities)的需求,例如小的售货亭、咖啡吧、停车场等。这些设施方便人们使用环境空间,留人驻足、消磨时间的设施无疑会对城市湖泊景观亲水性的需求给予极大的鼓舞和帮助,良好的使用体验更可以吸引人们再次到访湖泊景观,从而增强其使用频率,促进其良性发展。

(三) 交通

交通(transportation)是由人们的社会生产活动和社会生活活动产生的。广义地讲,是人、物、信息以某种确定的目标,按照一定的方式,通过一定的空间所进行的流动。在交通运输领域,则通常指人和物的流动,即采用一定的方式,在一定的设施条件下,完成一定的运输任务。

城市道路交通系统由城市道路网、城市道路网辅助设施(公共停车场和加油站)以及以城市道路网为基础的公共汽车、无轨电车、小汽车、卡车、非机动车、步行等道路交通组成。对于城市湖泊景观区来讲,城市道路交通系统的任务是将人流顺利、便捷、安全地输送到景区。

与城市湖泊景观亲水性更为密切的是景区的内部交通。包括主干道、次干道和游步道等。

1．主干道

通向各个景区、主要景点、主体建筑和滨水游憩场所的道路,起到划分景区功能区间的作用,一般宽度是 3～6 m。

---

① 牛建忠. 石家庄环城水系生态环境设施研究[D]. 石家庄:河北科技大学,2012.

2．次干道

景区内联系各景点的道路，是主干道的辅助道路，一般宽度是 2～3 m。

3．游步道

景区内供游客步行、休憩的道路，引导游客深入到达湖岸和景区的各个角落，多曲折婉转、迂回分布（图 3-34）。单人行走的步道宽度为 0.6～1 m，双人行走的步道宽度一般为 1.2～1.5 m。

图 3-34　城市湖泊中的游步道

作为城市湖泊景观区重要的交通组成部分，各种道路系统是引领游憩者深入游览和体验湖泊景观的重要载体。在湖泊景观亲水区内，道路系统不仅具有引领和疏导游憩者的功能，还具备空间组织、景观构成等其他功能。在空间组织方面，主、次干道将整个亲水区的空间划分成为功能各异又相互补充的功能区间。同时，景区内的游步道又将各景区和景点有机地串联起来，组建成主次分明、跌宕起伏的景观序列在游人面前依次展开，使游人沿着道路系统设定的路线慢步行走,深入到湖岸进行亲水活动,从而获得全身心的享受。在景观构成方面,道路系统也可作为亲水景观的一部分,在丰富区域景观内容方面扮演非常重要的角色。特别是游走于婉转曲折的路线,缤纷各异的色彩、丰富的铺装形式和图案等与景区内其他景观要素相互结合,共同构成一组完整优美的城市湖泊景观。

　　在亲水活动方面,道路系统可以直接成为一种亲水方式的选择。例如可以在亲水区内设置沿湖的慢跑道,在草地或滨水缓坡区设置自行车道等(图 3-35),人们可以一边进行户外运动和休闲活动,一边呼吸新鲜空气、观赏清澈湖景,本身就为游憩者提供了一种良好的亲水体验。

图 3-35　城市湖泊岸边的自行车道

(四) 空间

　　对城市湖泊景观的亲水性体现最为明显的区域就是其水陆交界的岸线地带,而岸线形态则以狭长的线状空间和带状空间为主。这两种空间都具

备狭长的特征,有着明显的(面向水体的)内聚性和方向性。湖岸景观区的线状空间多由周边建筑群或绿化带组合形成连续的、较为封闭的向水侧界面。这种空间环境具有一定的私密性,可以减少人与城市之间的距离,同时也可以缩短人与水之间的距离,面对水体很容易给人一种亲切、平静的感觉,使人身在其中能获得心理上的安全感。

带状空间与线状空间相比更加宽敞,且具有一定的长度。城市湖岸景观的带状空间具有一定的流动性、开放性和双栖性。首先,湖岸景观的带状空间是结合了原有生态环境的自然形态,将水系的流质性与人的活动性融合起来,是具有"流动"特征的一个时空概念。其流动性特征体现在湖岸景观具有一定的空间连续性,在视野范围内障碍物较少,容易让人形成视觉上的流动和延续感,引导人们往水际线或道路的两端移动。其次,城市湖泊是任何公民都有权利用和享用的自然财富,因此湖岸空间具有明显的公共属性。而湖岸空间的开放程度和亲水性则由水至陆依次减弱。湖岸景观带是湖泊生态系统和陆地生态系统的交界处,其原生态结构受到"水"和"陆"两种生态系统的共同影响,或者包含陆域、水域和湿地三种复合形态,因此具有双栖性的特点,是亲水景观建设的绝佳选址。

(五) 周边用地

城市用地(land use)可以分为居住用地、公共管理与公共服务设施用地、商业服务业设施用地、工业用地、物流仓储用地、道路与交通设施用地、公用设施用地、绿地与广场用地等。城市湖泊景观周边地域的用地性质的不同对湖泊亲水景观的使用有着极大的影响。因为亲水功能的主要服务对象是人,周边不同的城市用地性质会对滨湖景观空间的人群结构和使用习惯产生很大的影响①。

例如,对于周边是居住区的城市湖泊景观来说,适用人群以居民为主,特别是老人和儿童,并且其使用频率较高,规律性较强,例如老人的晨练,孩子饭后的玩耍时间等,因此对于城市湖泊景观亲水性的需求更加亲民。如果城市湖泊周边以商业区为主,则湖泊景观需要承载大量的人流活动,因此

---

① 盛起. 城市滨河绿地的亲水性设计研究[D]. 北京:北京林业大学,2009.

如何通过便捷交通的组织缩短这些人与城市湖泊景观的距离，提高滨水开放空间可达性[1]是一个关键的问题。而且还要提供足够的开放空间场所，例如广场等，为较大的人流服务。而城市道路、交通设施等用地对城市湖泊景观亲水性的影响是比较大的，需要根据其具体特征为亲水景观的营造提供最大的便利。

第四节　城市湖泊景观亲水性研究的发展

基于本书的研究，笔者查阅了国内外大量文献资料，发现中外有关城市湖泊景观亲水性的相关研究都很少，甚至对亲水性都没有准确的英文词语相对应，例如国内有些有关亲水性的研究使用了"hydrotroism"这个词[2]，或者使用"hyrotropolity""hydrophilic"[3]，还有用"water-enjoyable"[4]"water-liking"等来表达亲水性的概念，笔者认为这些英文词语都较片面，无法真正表达本书所涉及的"亲水性"概念的内涵。通过大量的比对研究，笔者认为"affinity"一词作为城市景观亲水性研究的英文关键词较为合适，故以此为关键词寻找与其相关的研究。遗憾的是在国外有关城市景观或者湖泊景观的研究中并未发现"亲水性"的研究专题，因此作者再次扩大搜索范围，以"湖泊景观(lake landscape)"作为主题词进行了搜索，再在结果中筛选有关城市景观(urban landscape)研究的内容，两者相叠加，试图在其中发现有关城市湖泊景观亲水性研究的线索。

通过将对城市湖泊景观亲水性的研究扩大到城市滨水景观的范畴，我们可以发现城市滨水区的发展通常与周围环境有着密切的联系，它反映这个城市在社会、经济和工业等各方面的发展变化[5]。人类对于水的亲近从物质到精神都经历了"由近及远""由远回归"的漫长过程。

---

①　李金花. 山地城市滨水开放空间可达性研究初探[D]. 重庆：重庆大学，2009.

②　颜慧. 城市滨水地段环境的亲水性研究[D]. 长沙：湖南大学，2004.

③　胡小冉. 城市综合公园人工湖驳岸及亲水景观的改造与设计——以泾阳县泾干湖公园为例[D]. 咸阳：西北农林科技大学，2016.

④　荣海山. 城市湿地亲水性空间规划研究[D]. 重庆：重庆大学，2012.

⑤　城市土地研究学会. 都市滨水区规划[M]. 沈阳：辽宁科学技术出版社，2007.

在农业社会阶段，人类的生活、交通等都依托于水，水运是城市物质与信息的集散地，因而这个阶段的城市滨水空间是人们公共生活、经济发展的重心地带。但人们对于水景的欣赏却处于无意识的状态，这时的"亲水"更多的是由生活需水而产生的对水的依赖，例如洗衣、洗澡、灌溉等。

到了19世纪，第一次工业革命至第二次工业革命期间，城市滨水区迅速成长为城市核心的交通运输枢纽和转运中心，西方发达国家的港口工业发展模式开始形成。20世纪中叶，发达国家城市滨水区经历了一场严重的逆工业化过程。首先，随着技术的进步，陆上交通逐步发达，水运则渐渐退居次位；其次，随着城市逐渐扩大，城市滨水空间不能满足人们的生活需求，失去了它原有的经济价值，人们的生活也渐渐远离了城市滨水空间；最后，工业重心的转移造成了港口的没落，滨水区逐渐被人们抛弃，破旧的港口码头，水环境的污染使得滨水区环境成为废墟，大量的滨水工业、交通用地闲置待用，甚至沦为垃圾堆放场与犯罪高发区。这时的"亲水"概念逐渐淡出人们的生活。科学技术的发展、自来水的普及、高楼大厦的出现使得人们不再需要亲身接触水，人们乐于享受科学技术发展带来的丰富的物质生活，而远离了自然、远离了水。

20世纪六七十年代至今，全球进入信息时代，随着世界经济的发展，城市人口和用地规模急剧扩大，人们逐渐厌倦了远离自然的喧嚣城市生活，这时那些被忽略和遗忘、被挤占和破坏的城市湖泊等自然水体作为城市开敞空间和公共生活场所的重要性重新被人们认识到，人们希望重新与水，特别是自然水体建立起亲密的联系，由此，世界范围内掀起了一场大规模的有关滨水区改造与重建的风潮。例如许多西方国家将没落的城市滨水空间建成充满活力的商业、办公、娱乐、广场、湿地等功能融为一体的城市生活吸引点和承载点，既带动了第三产业的发展，也丰富了城市公共生活，维护了城市滨水空间的可持续发展。此时相关学科的理论研究也蓬勃发展，成立了华盛顿滨水研究中心、日本滨水更新研究中心、威尼斯滨水城市研究中心等机构；并召开"滨水区发展规划""全球化对滨水区的影响"等国际会议。在城市滨水区重建领域，许多国家都已经有了一些较为成功的案例，例如英国卡迪夫湾（图3-36）、利物浦阿尔伯特码头（图3-37）、伦敦道克兰码头区、悉尼

图 3-36 英国卡迪夫湾改造

图 3-37 利物浦阿尔伯特码头改造

达令港、加拿大多伦多湖湾滨水区、荷兰阿姆斯特丹东港区、德国杜伊斯堡港等。

　　我们梳理了相关研究,发现大多数有关城市湖泊(水体)的研究和实践集中于较大尺度的滨水区空间发展和建设层面,从宏观尺度研究城市湖泊景观的使用功能、亲水属性。而对于重点反映城市水环境的亲水性问题则非常缺乏系统的研究,仅有少量相关研究分散于有关水体的可达性、边坡护岸的生态化处理等文献中。如果我们把目光集中于中、微观尺度的城市湖泊湖岸(lakeshore)研究范畴,则有很多文献是从生态修复角度进行阐述的。例如有些研究对湖岸的特性、功能、服务和面临的压力进行了探讨①②③④。也有从较小尺度范围(0.5~100 km²)来探讨从景观生态学和土地利用视角建立岸线修复条件的文献⑤,还有偏向对湖岸侵蚀进行保护的研究,这类文献往往涉及土壤工程学研究,还有很多研究者从环境保护的角度从理论层面详尽地阐述如何建设有效的湖岸缓冲区⑥等。综合不多的与本书研究相关的文献我们发现,尽管城市湖泊景观亲水性的研究相对于其他的湖泊研究内容较为稀少,但其水体和周围景观的结构和功能连接度还是成为了学

---

① Engel S, Pederson Jr, JERRY L. The Construction, aesthetic and effects of lakeshore development:a literature review[R]. Wisconsin Department of Natural Resources,Madison,1998.

② Felföldy L. Fundamental hydrobiology(In Hungarian)[J]. Mezogazdasági Kiadó,Budapest,73-80.

③ Naiman R J,Décamps H. The Ecology of interfaces:riparian zones[J]. Annual Review of Ecology and Systematics,1997,28:621-658.

④ Ostendorp W, Schmieder K, Jöhnk K. Assessment of human pressures and their hydromorphological impacts on lakeshores in Europe[J]. International Journal of Ecohydrology and Hydrobiology,2004,4(4):379-395.

⑤ Boromisza Z, Török É P, Ács T. Lakeshore-restoration-landscape ecology-land use: assessment of shore-sections,being suitable for restoration,by the example of lake velence(Hungary)[J]. Carpathian Journal of Earth and Environmental Sciences,2014,9(1):179-188.

⑥ Fischer R A,Fischenich J C. Design in recommendations for riparian corridors and vegetated buffer strips[J]. US Army Engineer Research and Development Center,Environmental Laboratory,Vicksburg MS,17.

者们较为关注的领域①②。尽管这些研究都不直接涉及本书关注的城市湖泊景观亲水性问题，但是作为人们使用城市湖泊的物质先决条件，对城市湖泊自身的生态环境质量提升的研究无疑为其亲水性研究奠定了必要的基础。

　　相对于国外研究集中于城市湖泊景观的生态修复这一现象，我国对城市滨水区的开发建设与世界其他国家有很大不同：我国城市滨水区的发展建立在城市美化运动的基础上，更多的是为了提高景观条件以获得较好的经济价值，如为提高房地产开发的经济价值或为政府形象工程服务。我国于 20 世纪 80 年代开始的早期的滨水区建设主要是集中于对河岸线的绿化，未从人的角度出发考虑如何"亲水"。但随着绿化建设的完成，城市滨水区域自然而然就吸引了越来越多的人观赏游览，因此一些地方结合需求建设了简单的公共活动场所，因此可以说，我国城市滨水区的亲水性建设是被动开始的。20 世纪 90 年代，我国开始全面兴起滨水区景观规划设计，随着人工生态等新技术的应用，景观生态学、环境行为学、环境心理学等相关研究理论的逐步完善，人们开始重新认识城市滨水区景观的资源优势，开始进行综合治理。这一时期，亲水空间、亲水设施的建设也逐步完善。在大量实践发展的基础上，一些滨水区建设的理论著作也不断涌现，相关作品集中于建筑科学领域，并以景观营造③④为主，分别探索了保护、利用⑤⑥、修复⑦及规划

　　①　Henderson C L, Dindorf C J, Rozumalski F J. Lakescaping for wildlife and water quality[J]. Minnesota Department of Natural Resources, 1999:176.

　　②　Hansson L A, Brodersen J, Chapman B B, et al. A lake as a microcosm: reflections on developments in aquatic ecology[J]. Aquatic ecology, 2013, 47(2):125-135.

　　③　李颖. 城市湖泊景观可持续营造研究[D]. 哈尔滨：东北农业大学, 2013.

　　④　魏海波. 武汉市城市湖泊景观塑造研究[D]. 武汉：华中科技大学, 2006.

　　⑤　陈存友, 胡希军, 郑霞. 城市湖泊景观保护利用规划研究——以益阳市梓山湖为例[J]. 中国园林, 2014(9):42-45.

　　⑥　李静. 城市湖泊景观的保护与发展研究——以大明湖为例[D]. 北京：北京林业大学, 2009.

　　⑦　熊清华. 城市湖泊生态景观恢复与更新研究[D]. 武汉：武汉理工大学, 2008.

设计研究①②③等，尽管研究中有亲水性生态护岸④、亲水景观⑤的说法，但很少有针对城市湖泊亲水性的研究文献。还有少量作品研究城市滨水景观、滨水空间、城市湿地或公园水体的亲水性⑥⑦⑧⑨。《城市规划》于1998年第二期开始开辟"临水地区规划专栏"，刊载滨水区建设的成功案例和最新理论成果，并在1999年和2001年出现滨水区规划专题，对滨水区的建设进行了探讨。2010年出版的《滨水景观设计》着重探讨从滨水区自然、人文等多方面景观元素的处理来满足滨水区不同亲水活动以及生态景观建设的需求。2011年，由方慧倩编写的《滨水景观》一书通过对全球46个精选案例的不同环境文化基底的分析，总结滨水景观的设计通则以及亲水性景观的个性化设计。我国在滨水区建设发展过程中也有很多成功探索，如上海外滩改建、南宁滨江景观区建设、广州珠江滨水区建设、合肥环城公园建设、成都府南河综合治理、中山岐江公园建设、府南河活水公园建设等。以上这些城市滨水空间的理论研究和建设实践都包含了"亲水"的内涵。

尽管有关城市湖泊景观亲水性的专项研究十分罕见，但笔者还是发现了一些文献从不同角度对城市湖泊景观亲水性有一定的探索。例如胡小冉的论文《城市综合公园人工湖驳岸及亲水景观的改造与设计》，将人工湖驳岸作为亲水的最佳地点，从理论概念入手，对驳岸空间的功能、特点及亲水景观的构成要素进行了阐述，对国内外驳岸及亲水现状进行了研究分析，针

① 郑华敏. 城市湖泊景观规划设计的研究——以三水云东海湖为例[D]. 福州：福建农林大学，2005.

② 丁旭. 城市湖泊风景区景观规划与设计研究[D]. 哈尔滨：东北林业大学，2008.

③ 黄婷. 城市湖泊型风景区景观设计初探[D]. 武汉：武汉大学，2004.

④ 任亚萍，崔素娅. 滨水空间亲水性生态护岸的景观设计[J]. 信阳农业高等专科学校学报，2011,21(1):125-126.

⑤ 胡小冉. 城市综合公园人工湖驳岸及亲水景观的改造与设计——以泾阳县泾干湖公园为例[D]. 咸阳：西北农林科技大学，2016.

⑥ 孟东生，潘婷婷. 城市滨水景观亲水性设计的探析[J]. 艺术科技，2016,29(8):319.

⑦ 刘佳玲. 探讨城市滨水空间的亲水性堤岸设计[D]. 福州：福建农林大学，2007.

⑧ 荣海山. 城市湿地亲水性空间规划研究——以南宁市"中国水城"建设规划为例[D]. 重庆：重庆大学，2012.

⑨ 吴然，李雄. 公园水体景观的亲水性研究——以成都活水公园为例[J]. 攀枝花学院学报，2012,29(5):48-50.

对不同亲水人群的亲水方式,从交通组织的布局、公共设施的设置来满足亲水的要求,提出了人工湖驳岸亲水景观的解决方案。荣海山的论文《城市湿地亲水性空间规划研究——以南宁市"中国水城"建设规划为例》,从城市湿地亲水性空间的角度来探讨城市中具有湿地特征的滨水空间的合理利用和保护问题,论文给出了一些规划策略。孟东生、潘婷婷的《城市滨水景观亲水性设计的探析》探讨了城市滨水区景观亲水性设计的意义、原则、方法,内容较为简单。谭祎、蔡如的《城市湖泊景观美学评价研究——以广州市为例》运用心理物理模式中的美景度评价法、数理统计中的相关分析和回归分析建立关系模型,发现5种景观要素(水面形态、植物群落、林冠线、园林建筑、城市影响)与城市湖泊美景度相关,并分析了公众审美与景观要素美学质量之间的关系,提出城市湖泊造景的建议,对于城市湖泊景观亲水性的营建具有一定的参考意义。

第四章　城市湖泊景观空间信息数据库

第一节　环境空间信息

一、环境信息

广义上的环境是指地球上与人类活动场所息息相关的、影响或制约人类生存和发展的天然或人工要素间相互作用而形成的系统，广义的环境包括社会环境与自然环境两大类。

环境信息（environmental information），顾名思义就是与环境相关的各类信息，因此环境是环境信息研究的核心对象。对于环境信息的概念，1998年联合国签署的《奥胡斯公约》将其概述为环境状态、对环境发生潜在影响的因素以及受到环境变化所影响的人类状况。而美国《信息自由法》（FOIA）与英国《环境信息规则》（EIR）也有着相似的解释，即指任何书面、视觉、听觉、电子或其他形式的环境相关元素的信息，其内容主要包括以下几个方面。

（1）环境元素的状态，例如空气、大气、水、土壤；人工与自然景观（湖泊、湿地、海岸、浅滩）；生物多样性（转基因组织与相关元素）。

（2）环境因子，例如能源使用、噪声、辐射、垃圾（放射性废弃物、其他排放物等）。

（3）环境管理措施，包括政策、法规、计划、程序、协议、活动影响等。

（4）环境法规的报告与执行状况。

（5）经济效应、成本效益以及相关政策的评价体系。

（6）人类健康与安全状况，包括食品生产链、工业生产、基础设施建设与房屋建造等。

　　近百年来全球的发展历程证明环境信息对于人类发展是至关重要的。特别是在当下全球能源危机、极端气候加剧、局部地区空气质量恶劣、食品安全问题突显的背景下，环境问题成为人类未来发展的首要阻碍。因此，为促进实施绿色可持续发展，使环境问题信息化的系统工程成为政府与人民参与并改善环境的重要途径。自1992年《里约宣言》起，环境信息的系统化、公开化得到了国际社会的广泛支持，其中《环境信息规则》认为，为了更好地处理环境保护与污染问题，而将人居环境的所有变化因子公众化，作为一种共享资源，是促进社会各界的参与和监管的有效途径。我国自1991年起，每年发布《中国环境状况公报》，这是由中国环境保护部会同国土资源部、住房和城乡建设部、交通运输部、水利部、农业部、国家卫生和计划生育委员会、国家统计局、国家林业局、中国地震局、中国气象局、国家能源局和国家海洋局等主管部门共同编制完成，综合反映中国环境状况的公开年度报告，其所包含的全国环境信息权威、科学，涵盖了污染物排放情况、大气环境、水环境、声环境、土壤污染等诸多方面的环境信息。

　　环境信息是信息资源体系下的一大分支，信息量大、离散程度高、可叠加分析性强，同时具有极强的共享性以及可开发性。要使这些环境信息得到有效的统计与管理，就需要将各个环节要素的信息数据化、量子化，并且监测所有相关环境要素的数量、质量、分布以及相关联系，GIS技术的应用在此方面的优势巨大。

二、空间信息与空间分析

　　通常环境信息都与其物质空间中的位置和动态相关，两者均具备极强的空间分布性以及多源性等特点，它们所拥有的特殊属性使得其与空间信息之间具有密不可分的关联。

　　空间信息（spatial information）是一种以数据为媒介，呈现于地理实体、人与行为之间的信息，这些信息数据能以图表的形式描述事件所发生的地点、原因、过程及其对场地中人与环境的影响。空间信息的内容包含物质的特征、属性及其特性之间的关系，所以当空间信息以地图、表格、图像等形式

呈现时,就能帮助人们对相关领域的事件进行更为全面、深入的掌控。随着卫星遥感技术与计算机及网络技术的不断革新,空间信息在各领域的使用变得广泛且频繁,其开发技术与开发平台也变得多种多样。

为了更好地对空间信息进行采集、勘测、分析、管理、传播以及应用,一门新兴技术成为全球的热门研究对象——空间信息技术(spatial information technology)。现代空间技术在广义上也被称为地理信息科学(geo-informatics),通常可以分为两类:第一类为空间可视化图形信息技术,即空间地理学信息技术(geograhic data and information technology);第二类为地质统计学(geostatistics),二者处理的对象没有本质上的区别,而技术手段却截然不同。GIS 是图形技术与数据库技术的结合(Arc+Info),从数据库与绘图的层面来存储和处理空间信息。地质统计学则是以空间数字信息为基础,采用多元化与非线性的计算数学以及统计学的一种数据分析方法。然而将两者比对我们发现,对于地理空间现象的定量分析、管理,处理不同类型的空间数据并且提取有效信息——也就是通常所说的"空间分析",是以上两种方法共通的技术手段。

空间分析的主要目的是挖掘空间信息间的潜在关系,例如空间位置、分布、形态、距离、方位、拓扑等,这些潜在数据可以作为空间处理手段的数量基础。当前空间信息分析的研究主要涉及三个领域:①基于地理学数据的地理学空间信息分析,主要分析手段为卫星遥感图、地图和经济以及社会数据;②测绘学的空间信息分析,以地图数据、卫星遥感数据为对象,以计算几何以及地图代数为主要算法;③建筑与城市规划领域的城市环境空间信息,主要基于实际空间需求进行社会效应以及生态分布等信息数据的分析。

三、环境空间信息

现代化的城乡规划、建设、管理与服务离不开信息化与大数据等相关领域的应用,随着空间信息技术在环境科学领域的迅猛发展,"环境空间信息(envirnment spatial information,ESI)"逐渐成为各个国家环境政策中经常被提及的词汇。中国环境科学出版社 2011 年出版的《环境空间信息技术原理与应用》一书,将环境空间信息解释为地理空间信息技术在城乡环境建设过程中应用所需要的环境信息系统，是一定范围内环境各要素以及相互之间关系的数字信息化表达。环境空间信息所包含的数据具体包含空间、属性、时间以及综合度四个部分的内容，且所有数据都与具体的空间坐标位置相互关联，数据与数据在一定程度上存在连接、毗邻、互通等关系，这种关系也被称为"空间拓扑性"。

　　GIS 系统中的环境空间信息体系包含四大数据类型：①地形、地貌、地块类别、街区、道路、行政区、湖泊、水系等环境规划、保护的相关要素的地理空间信息；②环境建设元素的属性信息，包括污染源、气象监测、水系状况、交通噪声、场地可达、热源能耗、经济与文化等；③多媒体与监测信息，包括环境监测、环境管理、GIS 服务、换进规划等；④纵向数据信息，包括各环境要素的历史演变、生态景观的演变、建设项目的全生命周期的信息点等。将环境空间信息与 GIS 系统及其相关服务平台所提供的空间坐标匹配、图文表一体化、空间分析、决策支持等功能相统一，这种定量化的研究手段极大程度上提高了对复杂多维的城乡环境建设问题的处理效率，值得大力推广。

第二节　ArcGIS 与空间信息数据库

一、ArcGIS

　　前面我们已经提到，地理信息系统是基于计算机技术平台且主要用于捕捉、存储、查看、可视化展示地球表面的空间数据以及地理信息的系统[①]。而由美国加利佛尼亚 Esri(Environmental Systems Research Institute)公司所研发的 ArcGIS 软件系统占据了 GIS 领域超过 43％的市场份额，处于全球行业领先的地位(图 4-1)[②]。通过整合地理数据资源管理器 ArcCatalog 的数据库采集、ArcMap 的数据可视化成像、ArcScene 与 ArcGlobe 的三维

---

　　① 　参见《国家地理》杂志网站：https://www. nationalgeographic. org/encyclopedia/geographic-information-system-gis/。

　　② 　2015 ARC Advisory Group Reports：http://www. esri. com/esri-news/releases/15-1qtr/independent-report-highlights-esri-as-leader-in-global-gis-market。

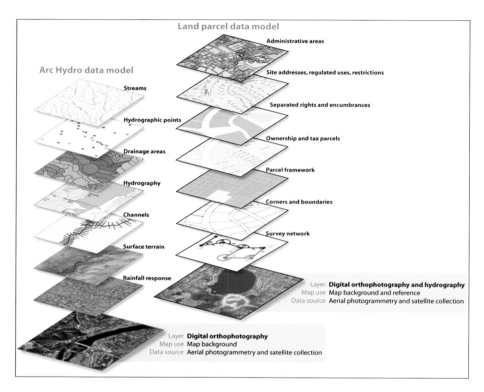

图 4-1　ArcGIS 城市空间地理信息的栅格数据源的图层叠可视化叠加分析

数据分析模拟、ArcToolbox 与 ModelBuilder 工具集的数据编辑，ArcGIS 出色地呈现了三种空间地理信息数据的处理视角[①]：①以特征要素（features）、栅格（rasters）、拓扑（topologies）、网络（networks）等数据元素构成的信息数据库模型（geodatabase）；②智能多样化的数据集成影像，用于查看、编辑和管理信息数据；③基于原有数据集的地理信息处理系统，以计算、编译、提取和分析出新的空间地理信息数据集。

（一）ArcGIS 的构成与发展——ArcGIS 9.X

2004 年，Esri 公司将自 ArcMap 8.0 以来的所有产品进行了整合开发，

---

① ESRI E. White Paper. Redlands C A. ArcGIS[J]. New York,2004.

从而推出了第一个完整的 GIS 平台 ArcGIS 9，其为个人或群体用户提供了一系列完整的 GIS 构建框架（图 4-2），极大程度上促进了 ArcGIS 在各领域的推广。其中主要操作平台包括以下几个①。

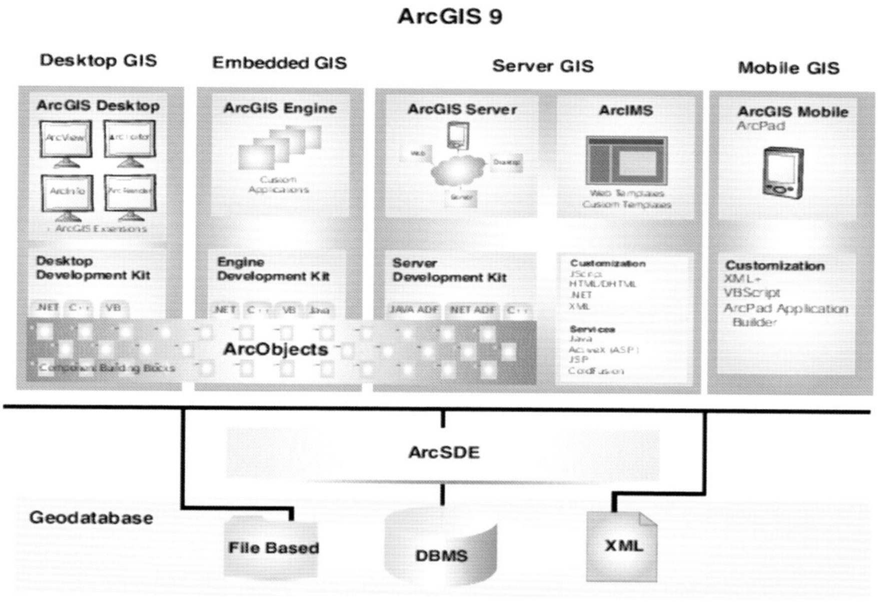

图 4-2　ArcGIS 9 整体系统结构（从数据到不同服务端）

1. ArcGIS for Desktop

ArcGIS for Desktop 包含了一套完整且拥有计算机用户界面的应用程序（包含 ArcMap、ArcCatalog、ArcScene、ArcGlobe、ArcToolbox 以及 ModelBuilder），是一套完整的 GIS 桌面端软件产品。Esri 根据不同的用户需求将软件划分为 ArcView（basic）、ArcEditor（standard）、ArcInfo（advanced）三个功能级别。通过选择以上不同级别的应用软件，使用者能够有效地完成地图编绘、地理坐标的投影匹配、不同数据格式的转换，利用繁多的自带工具进行复杂空间信息数据的计算与统计、地理编码（geocoding）、数据

---

①　ESRI E，White Paper. Redlands C A. ArcGIS[J]. New York，2004. http：//downloads. esri. com/support/documentation/ao_/698What_is_ArcGis. pdf.

共享以及使用多种语言进行编码定制用户界面等(图4-3,图 4-4)。

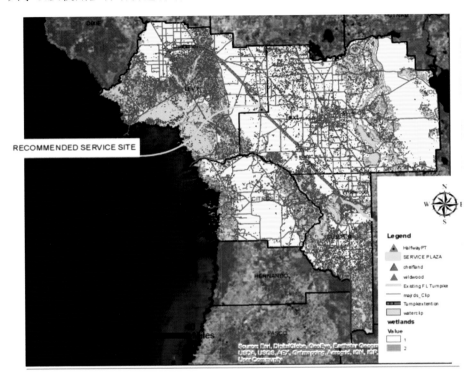

图 4-3　ArcMap 数据集分析案例——佛罗里达

Table

NC_37027

	OBJECT	Value	Count	StateNWS	CountNWS_area	Name_Text	GEOID	st_zone	OBJECTID_	OBJECTID	STATE	CWA	TIME_ZONE	FE_AREA	ZONE	NAME	STATE_ZONE	LON	LAT	SHORTNAME	SH
▸	1	37018	1	37018	1	NC_37027	37027	NC018	1206	1211	NC	RNK	E	nw	018	Watauga	NC018	-81.696915	36.231284	Watauga	
	2	37501	1973	37501	1973	NC_37027	37027	NC501	2488	2514	NC	GSP	E	ww	501	Caldwell Mountains	NC501	-81.640809	36.030114	Caldwell Mountains	
	3	37502	2932	37502	2932	NC_37027	37027	NC502	2487	2513	NC	GSP	E	ww	502	Greater Caldwell	NC502	-81.483171	35.901169	Greater Caldwell	
	4	37503	2	37503	2	NC_37027	37027	NC503	2490	2516	NC	GSP	E	ww	503	Burke Mountains	NC503	-81.862008	35.888563	Burke Mountains	
	5	37504	1	37504	1	NC_37027	37027	NC504	2489	2515	NC	GSP	E	ww	504	Greater Burke	NC504	-81.665205	35.714786	Greater Burke	

1 (0 out of 5 Selected)

TX_48043 NC_37027

Table

TX_48043

	OBJECTID *	VALUE	COUNT	StateNWS	CountNWS_area	Name_Text	GEOID	st_zone	OBJECTID_1	OBJECTID	STATE	CWA	TIME_ZONE	FE_AREA	ZONE	NAME	STATE_ZONE	LON	LAT	
	1	48074	7212	48074	7212	TX_48043	48043	TX074	3120	3193	TX	MAF	C	sw	074	Davis/Apache Mountains Area	TX074	-103.89038	30.706905	Davis/Apach
▸	2	48081	52541	48081	52541	TX_48043	48043	TX081	3660	4209	TX	MAF	C	sw	081	Big Bend Area	TX081	-103.25175	29.811908	Big Bend Are

2 (0 out of 2 Selected)

TX_48043 NC_37027

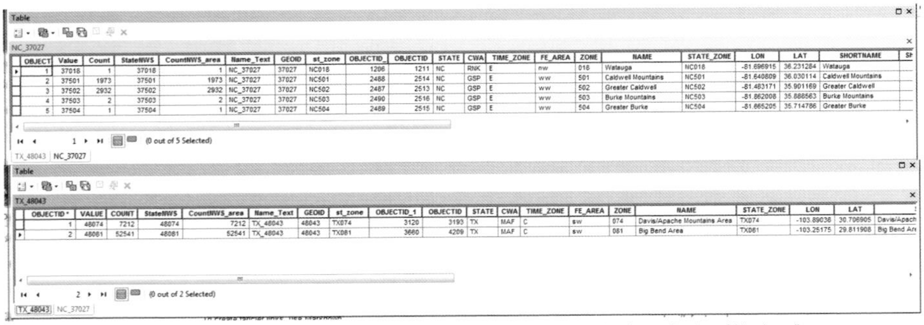

This is just to illustrate some of the contents of file geotabase (called "County_NWS_new_frq.gdb"). They have varying number of rows and 30 columns (although not all 39 of them are seen in this screenshot)

图 4-4　ArcGIS Desktoptable 的空间信息数据库属性表格案例

2. ArcGIS Engine(Embedded GIS)

ArcGIS Engine 为 GIS 应用程序的开发人员提供了一套完备且高效的嵌入式桌面程序定制引擎,程序员能够通过使用 COM、C++、JAVA 和 .NET等多种编程语言为用户提供符合自身系统逻辑的界面与应用框架。目前 ArcGIS 的应用开发(APIs)可基于 Android、ArcObjects、iOS、Python、WPF、Windows 等 14 种平台进行①。

3. ArcGIS 服务端(ArcSDE、ArcIMS、ArcGIS Server)

ArcGIS 服务端是用于发布企业级 GIS 应用程序的平台,拥有三种不同的产品功能级别(图 4-5):ArcSDE 作为空间数据服务器软件,为多种客户端

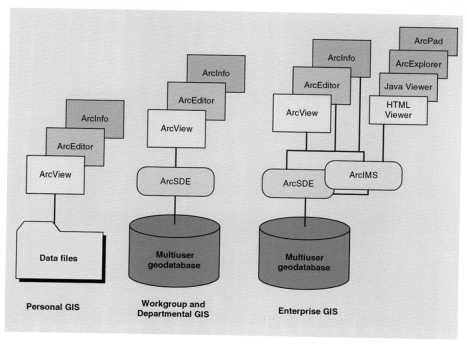

图 4-5　三种级别的 ArcGIS 产品(个人、工作、企业)

①　ArcGIS Help10.1,http://resources.arcgis.com/en/help/main/10.1/index.html#/Developing_with_ArcGIS/01w200000002000000/。

的GIS数据管理系统(DBMS)的存储、管理与使用提供了服务平台;ArcIMS是一个可伸缩的网络服务器软件,基于网页浏览器客户端,于用户之间传递空间信息数据、网络 GIS 地图以及元数据;ArcGIS Server(现名 ArcGIS for Server)是一个服务于企业与网络端的整合 GIS 工具集,其用于构建分布式环境下的空间数据集中管理,支持在线空间数据分析以及高级的 GIS 分析等,目前已逐步取代了 ArcIMS。

4. Mobile GIS

移动地理信息系统(Mobile GIS)用于便携式的移动设备平台开发,是一个集 GSM、GPRS/CD2MA 为一体的系统。该系统注重实时空间信息数据与服务器之间的传输,支持离线矢量地图与影像在手机或平板设备上的快速浏览与处理。该软件被广泛用于导航、空间地理信息数据的监控与查询、无线数据通信等服务领域(图 4-6)。

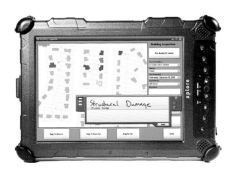

图 4-6　ArcGIS-Mobile 设备 ArcPad

(二) ArcGIS 的应用范围与前景

随着计算机技术与遥感技术领域的重大变革,ArcGIS 也在不断地强化着自身的能力,例如在 2016 年底,Esri 推出了最新一代的 ArcGIS 10.5,该新产品在完善了所有功能的同时增加了一系列新的工具集与操作构架,成为该系列的又一里程碑。例如使用 Python 自动发布地理编码服务;地图、要素、影像、WFS 服务均支持标准化查询;收购并发展 CityEngine 动态城市三维设计、建模与 GIS 集成,并且可利用 3D Analyst 工具箱;Components 支持更多语言环境,便于特殊应用程序的二次开发。通过梳理以上信息我们发现 GIS 在未来将更为深入地接入到与地理及环境系统相关的各个领域,特别是在大数据时代的背景下,国际数据仓库以及相关法律政策也将会逐步完善,从而进一步推动 Web 端口的全球 Open GIS 服务的开发(图 4-7)。同时,随着虚拟现实技术的发展,用户的使用体验也将会得到前所未有的提升。

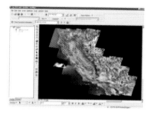

桌面客户端　　　　　　　　Web客户端　　　　　　　　移动端

图 4-7　ArcGIS 的不同端口

二、空间信息数据库

(一)数据库的概念

数据(data)是对现实世界的数字符号记录,是用物理符号记录的可以鉴别的信息,包括数字、文字、图像、音响等,是信息的具体表现形式和载体①。

数据库(database)则是长期储存在计算机内有组织的、可共享的数据集合。数据库中的数据按一定的数据模型组织、描述和存储,具有较小的冗余度、较高的数据独立性和易扩展性,并可以为不同用户所共享。数据库在逻辑上可以认为是文件以及联系的集合,而文件是数据库系统操作的基本单位,最小的操作是对数据库中某个文件的某个记录进行直接的操作,所以数据库系统必须在操作系统的支持下才能工作。

数据库技术是随着计算机的飞速发展并且应数据管理的需求而产生

---

① Benjamins V R, Fensel D. The Ontologieal Engineering Initiative (KA) [A]//Formal Ontology in Information Systems. IOS Press,1998:287-301.

的。作为数据管理的最有效的手段,数据库技术的出现极大地促进了计算机应用的发展。目前基于数据库技术的计算机应用已成为计算机应用的主流,它与网络通信、人工智能、面向对象程序设计、并行计算机技术等互相渗透、互相结合,成为当前数据库技术发展的主要特征。从 20 世纪 60 年代中期产生到现在仅仅几十年的历史,其发展速度之快、使用范围之广是超乎想象的,并且是其他技术所远远不及的。现在数据库技术已被广泛应用到人类社会的自然基础数据以及环境空间数据存储、管理上,为海量数据的组织和信息的充分利用提供了基础的技术支持①。

(二)空间数据

空间信息数据(spatial data)是对现实世界中空间特征和过程的抽象表达,也是地理信息系统最基本和最重要的组成部分之一。空间数据是用来描述来自于地球表面的空间实体的位置、形状、大小、分布特征等诸多方面信息的数据,由于它描述现实世界的对象实体,因此具有"定位""定性""时间"和"空间关系"等特征。其中"定位"是指在已知的坐标系里,空间目标都具有唯一的空间位置,带有地理坐标,即经纬网坐标的数据,包括资源、环境、经济和社会等领域的一切带有地理坐标的数据;"定性"是指伴随着目标地理位置的有关空间目标的自认属性;"时间"是指空间目标随时间的变化而变化;"空间关系"通常用拓扑关系表示。空间数据的基本类型可以较为形象地用点、线、面表示,因此空间数据已广泛应用于城市规划、交通、银行、航空航天等领域。

空间数据自身还具备一些特性,如多样性、复杂性、抽样性、概括性、多态性和空间性等。

1. 空间数据的多样性

空间数据在描述一个地理实体特征时,包含的数据类型各种各样,如地理位置、海拔高度、气候、地貌、土壤等自然地理特征数据,同时也包括经济社会信息,如行政区界限、人口、产量等。不同的地理实体所含数据类型也不一致,即表现为空间数据的多样性。

---

① 姚瑾. 基于 GIS 的环境信息数据库维护和共享的研究[D]. 西安:长安大学,2007.

2. 空间数据的复杂性

由于空间数据的多样性而造成数据量巨大、类型丰富,因此数据排列和组织十分复杂,必须在数据输入时保证其准确性。

3. 空间数据的抽样性

空间物体能以连续的模拟方式存在于地理空间中,为了能以数字的方式对其进行描述,必须将其离散化,即以有限的抽样数据(样本数据)描述无限的连续物体。同时,空间物体的抽样性并不是对空间物体的随机抽取,相反,是对物体形态特征点的有目的选取,其抽样方法随物体的形态特征而异,基本准则是力求准确地描述物体的整体和局部的形态特征。

4. 空间数据的概括性

概括是空间数据处理的一种手段,是对空间物体的综合,即对空间物体形态的简化和对空间物体的取舍。空间数据描述的是现实世界中的地物和地貌特征,非常复杂,必须经过抽象概括处理。对于不同主题的空间数据库,人们所关心的内容不同,即便在同一个空间数据库中,由于主题和应用的不同,也需要在抽样的基础上对空间数据做进一步的综合处理,从而使其适应应用环境和任务的要求。

5. 空间数据的多态性

对于同一个地理信息单元而言,在现实世界中其几何特征是一致的,但是其表现的属性却有很多方面,并对应着多种语义。同一地物在不同情况下的形态各异,例如城市居民地在地理空间中占据的地域随着空间数据库比例尺的变小而由面状地物转换为点状地物。因此,面状地物中心点和中心轴线的计算构成了空间分析的重要内容。不同的地物如果占据相同的空间位置,则大多表现为社会、经济、人文数据与自然环境数据在空间位置的重叠,这种多态性对空间数据的组织与管理提出了特殊的要求。

6. 空间数据的空间性

空间数据的空间性描述了空间物体的位置、形态及其空间拓扑关系,这个特征是空间数据区别于其他数据的标志性特征,也是空间数据最主要的特性。空间性不仅需要对空间目标的位置和形态进行分析处理,还应对其空间相互关系进行分析处理,这是一种更为复杂的分析处理,从而增加了空

间数据组织与管理的难度[①]。

（三）空间信息数据库的概念

空间信息数据是空间数据的子系统，它更直接地与城乡环境建设产生联系。而空间信息数据库是基于数据库技术，对地球上的一切与地理实体空间位置有关的信息数据进行收集、输入、储存、处理、分析、查询和显示的一种数据集合，是空间信息系统中空间信息数据的存储场所。

（四）空间信息数据库的特点

1. 数据量庞大

空间信息数据库面向的是地理学中的地理实体及其相关对象，涉及的是地球表面信息、地质信息、大气信息、社会和经济等极其复杂的现象和信息，因此，描述这些信息的数据容量很大，通常可以达到 GB 级。

2. 具有较高的可访问性

空间信息数据库具有强大的信息检索和分析能力，通常是一个公开、共享、能高效访问大量数据的集合。

3. 属性数据和空间数据联合管理

在空间信息数据库中的每个实体都包含两部分的数据，分别为空间数据和属性数据。空间数据指描述地理空间位置的信息；属性数据指描述地学现象的各种属性的信息，一般包括数字、文本、日期等类型。只有对这两部分共同进行描述才能完整地表现出实体的特征，因此对每个实体的操作必须保证这两部分数据的一致性、安全性等。空间信息数据库系统中大量的数据就借助于图形图像这一信息载体来进行描述。

4. 应用范围广泛

空间信息数据库是当今很多系统的基础，它的应用几乎遍布我们生活中的各行各业，特别是如城市规划、环境保护、智能交通等基于位置的服务都需要空间信息数据库的支持[②]。

---

① 高惠君. 城市规划空间数据的多尺度处理与表达研究［D］. 北京：中国矿业大学（北京），2012.

② 牛新征. 空间信息数据库［M］. 北京：人民邮电出版社，2014.

三、城市湖泊景观空间信息数据库

（一）城市湖泊景观空间信息数据库的概念

景观空间信息数据库是指通过数据库技术对和景观环境相关的数据进行合理、有效地收集和组织，然后对其进行网络共享的数据集合文件。同时它也是对景观空间信息数据进行加工、管理、分析的工具，能够有效、快速、方便地从数据库系统中提取信息。

本书研究的城市湖泊景观空间信息数据是指在研究范围内的城市湖泊景观与周围的空间关系的结构数据，以及周边环境要素，如地形、地貌、植被、景观节点、景观格局、水体、生物多样性、湖岸、道路、基础设施等的相关空间数据以及属性数据[①]。在完成城市湖泊景观空间信息数据库系统建构后，我们可以利用空间信息系统的相关软件进行城市湖泊景观的地形地貌分析、用地适宜性评价、可达性分析、可视性分析、美景度分析、景观敏感性分析、景观格局分析、生物多样性保护、绿地效益评价、绿色基础设施系统设计、场地填挖方、生态廊道规划、声景设计等方面的实践运用。

本书的研究成果将运用于今后城市湖泊景观设计与规划实践中，数据库中的数据将成为设计前期的资料来源和方案推敲的科学依据，其准确的分析结果将对城市湖泊景观设计发挥重大的支撑作用。

（二）城市湖泊景观空间信息数据库的特点

由于空间信息数据具有自身的特点，如数据量巨大、模型复杂等，使得信息数据存在时空上的交错性，同时存在着空间特征数据、属性特征数据、时间特征数据。在此基础上，城市湖泊景观空间信息数据库因特别针对城市湖泊相关数据，所以还具备以下特点。

1. 城市湖泊景观空间信息数据的多变性（时效性）

城市湖泊景观空间信息数据不是一成不变的，特别是其属性数据信息，城市湖泊的相关数据极易受环境影响，如气候、气温、人类活动等，数据随时

---

① 陈述彭，鲁学军，周成虎. 地理信息系统导论［M］. 北京：科学出版社，1999：29-31.

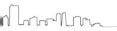

间的变化会有相应的改变,同时在城市不断发展的过程中,其空间数据在较长时间段内也会有一定改变。所以城市湖泊景观空间信息数据库内的信息需要进行实时高效、迅速和准确的处理,同时也需要进行经常更新以使其具备时效性。

2. 城市湖泊景观空间信息数据着重其属性特征数据

空间数据库中存储的数据信息大部分都与空间位置有关,但是本书研究所期待的分析结果是为环境设计工作者在今后景观环境设计工作服务的,其空间位置并不是本书研究的重点。而湖泊的面积、水质、绿化率、生物多样性、水岸形态等属性特征才是我们重点要收集和研究的数据,所以在城市湖泊景观空间信息数据库中所涉及的大部分数据与其属性数据相关,属性数据将是湖泊景观空间信息数据库中的重点研究方面。

3. 城市湖泊景观空间信息数据库的简易性

本书涉及的城市湖泊景观空间信息研究是环境设计行业为了在以后的城市规划、环境景观设计等实践中将其数据和分析结果结合设计方法进行运用而进行的。但由于设计师为非计算机专业、统计专业出身,所以对系统内部结构逻辑理解不够深入,因此要求数据库系统及内容具有简易性,能让非专业人士便于理解与识别。

4. 城市湖泊景观空间信息数据的多源性

城市湖泊景观空间信息涉及的数据内容多、范围广,大都来自不同的部门,如城市规划部门、水质监测部门、林业部门等,其数据类型也异常丰富,有表格数据、图形数据、遥感数据等,所以景观空间信息数据库具有数据多源性的特征。

5. 城市湖泊景观空间信息数据的直观性

城市湖泊景观空间信息数据库中的数据是用来做相关研究分析的,目的性较强,所以对数据和信息进行处理所得出的结果应具有较高的显示度和可视化程度,这样才能达到其数据分析结果一目了然的目的,因此需要有直观性。

6. 城市湖泊景观空间信息数据库的专业性

大多数空间数据库研究者着眼于其技术的掌握和编程,以及其运行的过程，而本书旨在研究数据库得出的分析结果和数据，并将其运用于实际项目设计中。而城市湖泊景观空间信息数据库中收录的数据以城市湖泊周围各景观要素为主，目的是服务于城市环境设计行业从业者，因此本书研究的城市湖泊景观信息数据库专业性指向较强——为设计行业服务，并期望能为将来的研究提供方法借鉴。

（三）城市湖泊景观空间信息数据库的目标和原则

由于湖泊景观空间信息数据的复杂性、多源性、直观性等特点，要求其数据库设计要做到以下几个方面：减少数据冗余、方便建库工作，建库工作规范化、标准化、条理化、系统化；保证数据的共享性，减少数据获取、存储和使用的费用；减少应用开发的工作量，提高数据存储和分析的灵活性，能够在系统中对专项数据进行操作，满足工作需要。为达到上述目的，在进行数据组织时应遵循以下原则。

1. 数据的现势性

现势性衡量的是数据的时间精度，是确保以此数据建立起来的地理信息系统和由它进行的查询、分析、统计甚至决策具有真正使用价值的重要基础[1][2]。城市湖泊景观空间信息由于影响其变化的因子较多，因而现势性要求更高，所以必须执行此项原则。

2. 数据收集和输入的科学性、系统性及完整性

只有在遵循这项原则的基础上进行数据收集，数据库才能快速、有效地运行，否则分析结果是不可信的。

3. 数据要素的可扩充性

城市湖泊景观的空间数据和属性数据会随着时间变化而产生变化，只有在建立数据库时考虑到数据的扩充性才能对数据进行更新扩充，并且之前的数据也不会丢失，保证分析的有效性和可比对性。

4. 数据分类和编码的规范化、标准化及简明化

数据库中数据的分类和编码应严格按照国家和行业的有关规范和标准

---

① 陈述彭，鲁学军，周成虎. 地理信息系统导论[M]. 北京：科学出版社，1999.

② 彭盛华. 流域水环境管理理论与实践[D]. 北京：北京师范大学，2001.

进行,也可参照国家湖泊数据库设计。这项原则也是保证湖泊景观空间信息数据能与其他部门共享的前提所在。简明化能够使数据简单明了、提高识别性,从而减少数据方面的工作量,方便计算机系统地处理数据。

5. 数据的逻辑一致性

逻辑一致性强调的是数据采集的技术设备和软件功能的协调一致,保证采集的数据在进入 GIS 系统时无需重新组织、编辑和处理。城市湖泊景观空间信息的数据可以长久使用,这将对城市规划部门、水利部门、环境监测部门等未来的工作有十分重要的帮助,所以此项原则对于数据能够在将来持续使用十分重要。

(四)城市湖泊景观空间信息数据库建立的意义

城市环境工作者为了能够更加有效地了解环境信息和项目用地的情况,需要掌握用地的交通、基础设施、周边环境等信息。目前,我国城市湖泊环境资源的属性信息和空间信息无法关联起来,给湖泊景观信息研究带来了极大的不便,而且这些空间信息和属性信息数量巨大,内容复杂,如果仅靠人力调查、分析将会导致人力损耗大、效率低下、数据出错等状况。本书所研究的城市湖泊景观空间信息数据是指在特定研究范围内的湖泊与其周边的空间关系结构数据,以及周边环境要素,如植被、景观节点、水体、湖岸、道路等的相关空间数据和属性数据,包括记录上述空间实体的位置、拓扑关系、几何特征的空间特征数据和描述空间实体特征定性或定量指标的属性特征数据两部分[①]。由此可见其数据要素的多样、数据量的庞大、结构的复杂,在此层面上传统的数据管理方法难以胜任,因此采用基于 GIS 技术的数据库进行管理是必要的,也是有重大意义的。

其具体作用与意义如下。

1. 优化湖泊管理

基于组件式 GIS 技术的湖泊水环境信息管理系统,能快速、有效地处理和管理大量复杂的湖泊环境信息,能在计算机软、硬件的支持下实现对湖泊环境信息的管理、查询、统计、优化处理和输出,以及结合各种数学方法进行

---

① 　陈述彭,鲁学军,周成虎. 地理信息系统导论[M]. 北京:科学出版社,1999:29-31.

预测、评价和决策①。

2. 获得数据集成化

按一定模式组织与存放的数据集,能客观反映数据间的内在联系,有助于通过数据集成来统一计划与协调各相关应用领域的信息资源②。

3. 储存海量湖泊数据

为湖泊数据的管理提供便利、解决数据冗余问题、保证数据的准确性、提高查询效率,并且数据不会丢失。

4. 城市湖泊景观空间信息数据处理与更新

城市湖泊景观空间信息数据一般时效性很强,要求不断更新数据库内的信息。更新的过程是用现势性强的现状数据更新数据库中的非现势性数据,以保证现状数据库中空间信息的现势性和准确性。同时,被更新的数据存入历史数据库供查询检索、时间分析、历史状态恢复等,更新不是简单的删除替换,必须解决保持原有数据的不变、更新数据与原有数据正确连接等多方面的问题,因此城市湖泊景观空间信息数据库中能保有最新数据可供查询和共享。

5. 实现城市湖泊相关数据交换与共享

很少有研究是一个部门或专业可以单独完成的,湖泊景观空间信息数据库的建立可以为数据的交换与共享提供帮助,它可以跟环境、林业、水质监测等相关部门交流和共享,实现研究成果的效益最大化。数据库中的数据共享主要体现在以下三个方面:①可供多个应用使用;②开发新的应用而不增加新的数据;③数据可直接对外开放,向社会提供服务。

6. 实现数据的可视化

数据库的数据经系统处理和分析,并且根据数据的内容能产生具有新的概念并直接输出供专业规划或决策人员使用的各种地图、图像、图表或文字说明,包括各种类型的符号图、动线图、点值图、等值线图、立体图等③。数

①　李贝. 基于 GIS 的武汉东湖水环境信息管理系统研究与开发[D]. 武汉:华中科技大学,2007.

②　陈述彭,鲁学军,周成虎. 地理信息系统导论[M]. 北京:科学出版社,1999:29-31.

③　高磊. 湖泊、水库水环境管理信息系统的构建与开发[D]. 北京:北京工业大学,2007.

据库还能让湖泊景观数据以可视化图形呈现，数据结果明显。

7. 为城市环境设计行业提供科学的数据依据

目前尚无专门针对城市环境设计行业从业者建立的与城市湖泊环境相关的数据库可供查询和使用，而本书的研究成果将直接为此专项服务，通过数据库技术的探索，能帮助在项目实践中快速准确地对设计基地进行多种分析与研究。

8. 满足研究城市湖泊景观环境的需求

本书的研究将对城市设计、湖泊景观设计、城市滨水开放空间设计、休闲娱乐设计等领域提供坚实的技术及理论支撑，完善城市要素数据库的内容。

第五章　城市湖泊景观空间信息数据库的构建

第一节　数据库构建

城市湖泊景观空间信息数据库的建构涉及物质环境的设计、社会要素的分析和地理信息技术的整合，是一项跨学科的挑战。本书的研究试图从数据库的建构逻辑和设计步骤两方面进行初步探讨，希望可以为未来数据库的实施打下坚实的基础（图5-1）。

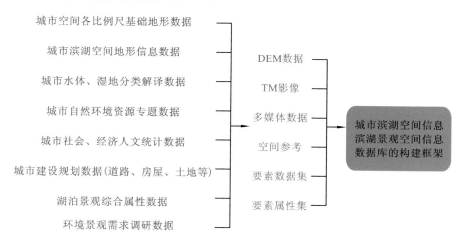

图 5-1　城市湖泊景观空间信息数据的框架图

一、矢量数据库

矢量数据库的建立逻辑是建立一个实体空间数据坐标与其属性关系的过程，也可以看作是一个 E-R（entity relation diagram）图向关系的梳理过

程。矢量数据（vector data）与栅格数据（raster data）是空间信息数据集的主要组成部分。城市湖泊景观空间的矢量信息主要指滨湖景观要素集的分层（包括取样点、控制点、基础设施层、滨水区域层、城市景观层、构筑物层、道路层、边界层等）与场地地理信息要素集的分层（水文信息数据集、土壤信息数据集、气候环境信息数据集等）。与通常的城市规划数据库不同，与湖泊景观亲水性相关的数据库的基础要素属性与人的感官有着紧密的联系，采样点的建筑物、景观、道路等基础信息的属性不能局限于表层的数据，而需要纳入物理要素与人体身心关系的描述，如此一来，在数据库的设计中，设计点要素与地理基础信息要素需要等量分析与存储。根据不同的要素特征，Geodatabase 的信息组织需要按不同层级划分，其主要逻辑为以下三个部分。

（1）地理信息的投影匹配（垂直坐标轴）和相关基础信息（包括取样点的具体经度、纬度以及元素的属性采样日期信息）等。

（2）属性信息表（XML）。

（3）地质、地貌以及湖泊环境的相关文字信息等。

城市湖泊景观空间信息数据库的矢量数据处理主要分为七个步骤，依次为：①原始图像获取；②TIF 格式的图像扫描；③原始图像与信息的核查；④图像预处理（平滑去噪、图像色块的边缘检测、线条的细化处理等）；⑤图像采集（矢量化）；⑥图形的修改；⑦图形输出至 ArcCatalog。

为了保证数据库在使用过程中操作方便、逻辑清晰，在属性表格中不能出现重复值，且各数据需先设置独立的编号再进行相互关联。同时可以考虑根据数据库的针对范围适当地反规范化设计，例如增加冗余列、增加派生列、重新组表等，也将有助于提高索引效率。

二、多源遥感数据库

（一）多源遥感数据库的作用

长久以来，随着遥感影像（ramote sense，RS）技术的提高，时间分辨率①、空间分辨率②和光谱分辨率③的数值也在不断增加。在如今的 ArcGIS 平台上,多源遥感数据(multi-source remote sensing data)持续为 GIS 数据库提供着更稳定、可靠的数据源。遥感影像的多源化是指单个传感器在不同时段获得同一个场景的 RS,或者多个传感器接收同一个场景的 RS④。多源遥感数据与 GIS 的集成对数据库系统的研究主要有如下几点帮助。

(1)遥感影像能够使得研究人员获得一手的大面积区域性数据,通过与实时的采样点进行照片对比,可以更为精确地调节数据精度。

(2)遥感影像丰富了 GIS 数据的层次与结构。遥感影像层的建立大大灵活和促进了数字高程模型层、网络层、水系层等专题层级的串联。

(3)勘测与操作场地的选择更为灵活,可以结合场地无人机航拍与室内传感平台进行信息处理。

(4)多源遥感影像数据与 GIS 数据库能够通过数学分析模型无缝对接,增强了景观因子的精确性,使得各因素的分析得以建立在定量分析模型的基础之上。

(二)多源遥感数据库的构建逻辑

用于纳入 GIS 集成数据库的类别主要包括 Aster、Landsat、ZY-2、QuickBird 四种格式,在得到不同空间分辨率后,可以采用几何校正、图像镶嵌等手段对多源遥感影像数据的结构逻辑进行整理。接着通过统一的垂直坐标系统(通用横轴墨卡托,UTM)建立不同时间、空间分辨率的遥感数据之间的联系,同时为了方便集成处理,不同格式的数据文件应该按照需求进行有区别的统一格式命名,例如以"数据类型-成像时间-代号-分辨率"的顺序依次存储。

---

① 时间分辨率:指同一个场景的最小观测时间周期间隔,也称最小观测覆盖周期,周期间隔越大,时间分辨率越低,周期间隔越小,分辨率越高(单位为 s、min、d、a 等)。

② 空间分辨率:指遥感影(图)像上可分辨目标细节的最小单元尺寸或大小(像元大小、解像率,单位为 m、m²、线对、mm 等)。

③ 光谱分辨率:即光谱的探测能力,探测光谱辐射能量的最小波长间隔($\lambda/\Delta\lambda$),波段分得越细、波段越多,光谱分辨率就越高。

④ Zhang J. Multi-Source Remote Sensing Data Fusion:Status and Trends[J]. International Journal of Image and Data Fusion,2010,1(1):5-24.

　　具体的集成应用结构可以采用以下三种级别的逻辑[①]。

　　(1) 在现有地理信息数据库与图像分析系统之间建立转换接口,使得 GIS 数据的矢量结构以及与其平行的 RS 栅格处理结构在图像信息处理阶段能够进行数据转换,以满足用户端的不同需求。

　　(2) 共用同一用户端接口,将"栅格数据—图像处理与矢量数据(属性数据＋制图数据)—图像处理"步骤相结合,统一不同格式的数据录入,并且进行误差分析和遥感数据分析。

　　(3) 利用 ArcGIS 系统平台将 RS 与 GIS 整合。在初始阶段就可以与测量信息系统进行结合,统一编译矢量数据(点、线、弧段的坐标序列)与栅格数据(图像元的色相、色调以及灰度),并且在同一阶段纳入属性值;然后使用 ArcCatalog 工具集对数据进行纳入处理;最后采用系统本身的各类可视化工具得到同时显示的效果,并传达到用户端接口,实现多源遥感影像的统一开发、无缝集成。

三、空间信息数据库

　　前文介绍了三种 Geodatabase 的方案,而本书着重研究的是前两种方法的结合:利用 ArcCatalog 进行数据集的要素集、要素类、集合网络、关系等信息的收集与纳入,然后进行坐标投影、location、shapefile、dBase 等信息的建立处理,最后结合现有的部分数据一并纳入到 Geodatabase 中(图 5-2)。

　　其具体的基本构建逻辑如下。

(一) 基础信息数据的收集

　　将前期收集的滨湖景观空间的相关要素集、属性数据、多源遥感影像、TM 影像、各类拓扑关系以及地理坐标系的匹配等信息进行整理,最终的文件格式包括 SHAPE(. shp)、DWG、IMG、JPG、ACCESS、XLS/XLSX、DOC、TXT。

---

　　① 李晓,张剑锋,林忠,等. 基于 MapX＋Visual Basic 的专题地理信息系统二次开发——以开发海洋功能区划管理信息系统为例[J]. 福建师范大学学报(自然科学版),2002,18(4),105-109.

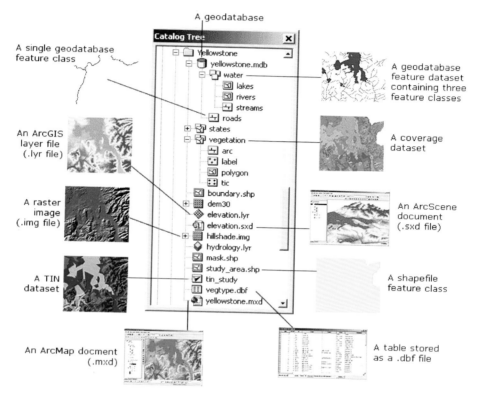

图 5-2　ArcCatalog 图路树列表以及相关信息类别

（二）属性数据库的构建

利用关系数据库将收集的属性数据进行存储，并建立索引系统以方便查看与提取，对所有数据按类别进行命名、路径核对与分类。将具有联系的数据类型搭建关系，形成清晰的层次，建立尽量不重复、少交叉的关系模型。

（三）空间数据库与属性数据库的关系建立

将编辑好的属性数据库导入 Geodatabase，设置相应的格式，随后使用 ArcCatalog 选择目标数据库类别，设定 Multiple-Feature Class 建立与 Geodatabase 的连接，之后通过右键点击该数据库，选择 New-Relationship Class，建立空间数据与属性数据之间的关系值。

（四）空间参考的选择

对原有信息数据进行坐标系统(UTM Zone)的匹配与投影，我国通常是采用"WGS1984"或其他方式，并根据不同的需求选择相应的投影方式。

（五）空间数据库的生成以及 Geodatabase 的建立

使用 ArcCatalog 工具集中的 Feature Classto Geodatabase 和 Rasterto Geodatabase 将矢量信息影像与栅格信息影像存储至 SOL Server 2000 中，在现有 GIS 信息数据中，则是通过格式转换的方式输入到 Geodatabase 中。

第二节　数据库设计

为了保证数据的存储、检索与开发过程灵活高效，城市湖泊景观空间信息数据库需要划分为一系列子系统，以弱化数据库各要素自身的复杂性以及抽象性。合理的建库思想与原则能够保证建库过程规范化、标准化、系统化；同时减少数据冗余、降低开发难度以及开发成本。

一、数据库的组成

子系统建议划分为四大主要类别，内容如下。

（一）系统数据库

不同层级与比例关系的空间分幅索引、元数据文档以及代码编译平台、图属关联数据、服务器平台信息、用户管理以及权限数据。

（二）空间数据库

基础湖泊景观空间数据、专业环境信息数据（测绘数据）、空间信息数据（dBase、Borland Paradox、Microsoft Access、FoxBase）、遥感影响数据、可视化文件等。

（三）属性数据库

湖泊属性、景观文化属性、场地历史变迁、当地人居状态、土地利用形式、业务信息数据等。

（四）符号库

软件界面识别代号（Arc-Object）、实体空间信息符号，例如湖泊信息观测"Point"、道路系统"Polyline/Paths/Segements"、亲水区域划分"Polygon"、文字/标注/符号属性"TXSX"等。

二、数据库的设计原则

城市湖泊景观空间信息数据库的设计基于场地数据模型以及一个具有针对性的 DBMS 系统。在系统基础设施的设计过程中，数据的筛选、逻辑的梳理、图层的划分、拓扑关系的建立、地理信息的表达均需遵循一定的原则，包括以下几个方面。

（一）数据的现势性

城市湖泊景观的亲水性与其场地周遭的环境变化有着紧密的联系，任何人工建设项目或自然因子的变动都会影响到人与水系之间的关系，将数据现势性作为基础的系统框架设计原则就是最大程度上保证数据的时效性与准确度。

（二）数据统计的系统性与完整性原则

正如前文所述，湖泊景观亲水性的研究因涉及多学科领域的特性，而导致数据种类繁杂、叠加性高。在统计数据集的过程中，必须针对各个不同类别的数据进行系统且完善的整理，以尽量避免重复、无效的数据。

（三）数据的开源性与可扩充性原则

正因为随着时间的推移，城市肌理在不断变化更新，所以滨水景观空间数据必须具备简易的可调整编译方案，在保证原有数据的稳定与安全的前提下使研究和开发人员能在特定的需求下对数据库进行扩充，是保证数据长期有效的必要策略。

（四）数据分类与编码的规范化与标准化原则

城市湖泊景观的亲水性研究成果将服务于多个领域，为了使其数据库更具准确性、实用性，且便于各类项目和专业人员的使用，则必须按照相关的制图规范与国家数据库设计规范进行，例如，《国家基本比例尺地图图式

第 1 部分：1∶500　1∶1000　1∶2000 地形图图式》（GB/T 20257.1—2007）、《国家基本比例尺地图图式　第 2 部分：1∶5000　1∶10000 地形图图式》（GB/T 20257.2—2006）、《基础地理信息要素分类与代码》（GB/T 13923—2006）、《城市用地分类与规划建设用地标准》（GB50137—2011）、《城市规划制图标准》（GB/T 97—2003）、《城市居住区规划设计规范》（GB 50180—1993）、《城市地理要素编码规则　城市道路、道路交叉口、街坊、市政工程管线》（GB/T 14395—2009）、《城市建设档案著录规则》（GB/T 50323—2001）等。数据库、图形数据与数据门类、表类则应按照拼音首字母的顺序来编辑命名。

（五）数据的逻辑构架统一性原则

城市湖泊景观空间的数据库结构直接决定了抽象信息的可读性，具体数据应该从哪些数据库表及视图中提取，以及各要素之间的层次顺序关系。其逻辑构架的清晰合理与否也同时决定着数据库的使用和维护效率。在清晰的逻辑构架下，技术人员能够清晰地完善信息节点，用户与甲方也能在抽象的意识形态下对数据进行提取，以便于项目的决策。

三、数据库的设计步骤

在确定了影响城市湖泊景观亲水性的相关因子之后，特别是已经收集到了各种形式的空间信息数据之后，为了对这些数据进行量化转换，就需要建立较完整的湖泊景观亲水性数据库。数据库的设计可选择遵循如图 5-3 所示的几个步骤完成。

通过对与城市湖泊景观亲水性相关因子的可获得性、与湖泊景观的关联度、对城市居民亲水行为活动的影响方式和触发频率等特性的综合分析，来对因子进行有效性筛查，选取可纳入城市湖泊景观亲水性空间信息数据库的部分，并分类列出。对所筛选的不同种类的城市湖泊景观亲水性影响因子的采集方法进行比选，选择适宜的样本进行实际数据的测量与搜集。首先，对城市湖泊环境现状信息进行分析整理，按照地理位置、地形地貌、水域面积、高程等信息建立基础数据库。其次，将环境调查、社会调查所获取的文本信息经过总结、归纳后输入到计算机，并将现场照片、资料照片等图

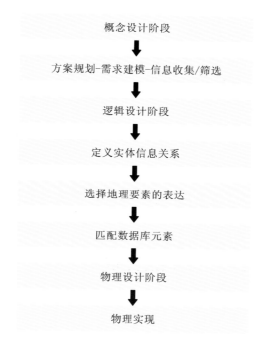

图 5-3　ArcGeodatabase 数据库的基本设计步骤

像进行扫描,将这些图片信息作为其属性数据输入其中。然后,将测量得到的湖泊位置、岸线形态、采样点位置等数据录入,作为空间数据对其进行定位。最后,利用 ArcGIS 的空间分析功能(包括栅格数据分析、矢量数据分析、空间统计分析、内插以及三维空间分析等)将部分较为笼统抽象的因子进行量化分析,形成城市湖泊景观亲水性数据库的一手资料,为最终形成完整的数据体系奠定基础。

四、ArcGIS 与数据库集成

结合 ArcGIS 技术对收集的大量数据进行系统的分类、整理,建立较为全面的城市湖泊景观亲水性现状空间信息数据库模型,在 Excel 表格中对以上属性数据资料按类别进行整理,分别制成表格,每个数据表中的点、线、面等不同的空间要素分别赋予不同的编码,并将该编码作为和文本、图像库相关联的公共项，整个数据库最终以"＊.dbf"格式存储。

　　将属性数据中空间要素的平面位置提取出来，通过编码，结合 ArcGIS 软件平台，将地形图图层和城市湖泊景观现状图进行匹配，并将前期收集的数据及文本资料通过平台中的连接功能进行集成化表达，使功能与属性数据表以及空间分布图层能相互对应地连接在一起，力求将数据库内所有相关数据进行清晰、完整、具有较强逻辑关联性的可视化呈现。

参 考 文 献

[1] 郑华敏. 论我国城市湖泊景观发展及现状[J]. 福建建筑,2008(4):
    82-84.

[2] 宋力,王宏,余焕. GIS 在国外环境及景观规划中的应用[J]. 中国园
    林,2002,18(6):56-59.

[3] 许文杰. 城市湖泊综合需水分析及生态系统健康评价研究[D]. 大连:
    大连理工大学,2009.

[4] 中华人民共和国水利部,中华人民共和国国家统计局. 第一次全国水
    利普查公报[M]. 北京:中国水利水电出版社,2013.

[5] 金相灿,等. 中国湖泊环境:第一册[M]. 北京:海洋出版社,1995.

[6] 中华人民共和国环境保护部. 2016 中国环境状况公报[R]. 2016.

[7] 武静. 武汉滨湖景观变迁实证研究[D]. 武汉:华中科技大学,2010.

[8] 谢平. 论蓝藻水华的发生机制——从生物进化、生物地球化学和生态
    学视点[M]. 北京:科学出版社,2007.

[9] 杨桂山,马荣华,张路,等. 中国湖泊现状及面临的重大问题与保护策
    略[J]. 湖泊科学,2010,22(6):799-810.

[10] 长江水利委员会长江科学院,中国科学院测量与地球物理研究所,中
     国水产科学研究院长江水产研究所. 长江中游江湖联系综合评价及
     闸口生态调度对策总报告[R]. 2006.

[11] McNeill J R,EnGelke P. The Great Acceleration:An Environmental
     History of the Anthropocene Since 1945[M]. Massachusetts:The
     Belknap Press of Harvard University Press,2014.

[12] 谢平. 翻阅巢湖的历史——蓝藻、富营养化及地质演化[M]. 北京:
     科学出版社,2009.

[13] Naselli-Flores L. Urban Lakes:Ecosystems at Risk,Worthy of the

Best Care[J]. The 12th World Lake Conference,2008:1333-1337.

[14] Mahan B L,Polasky S,Adams R M. Valuing Urban Wetlands:a Property Price Approach[J]. Land Economics,2000,76(1):100-113.

[15] Lansford N H,Jones L L. Marginal Price of Lake Recreation and Aesthetics:an Hedonic Approach[J]. Journal of Agricultural and Applied Economics,1995,27(1):212-223.

[16] 马新萍. 解读"水十条"为何以改善水环境质量为核心[N]. 中国环境报,2015-4-23.

[17] Kiemstedt H. Landscape Planning:Contents and Procedures[J]. The Federal Minister for Environment,Nature Protection and Nuclear Safety,Germany. 1994.

[18] Ahern J. Spatial Concepts,Planning Strategies and Future Scenarios:a Framework Method for Integrating Landscape Ecology and Landscape Planning[M]//Landscape Ecological Analysis. NewYork:Springer,1999:175-201.

[19] Schaller J,Mattos C. ArcGIS ModelBuilder Applications for Landscape Development Planning in the Region of Munich,Bavaria[J]. 2010.

[20] SO ODONGO. Urban Heat Island:Investigation of Urban Heat Island Effect:a Case Study of Nairobi[D]. The University of Nairobi,2016.

[21] Batty M,Densham P. Decision Support,GIS and Urban Planning[J]. Modern Language Review,1996,6(1):723-739.

[22] Goodchild M F. The state of GIS for environmental problem-solving[J]. Environmental Modeling With GIS,8-15.

[23] Fedra K. GIS and Environmental Modeling[J]. Environmental Modeling With GIS,1993:35-50.

[24] Maantay J,Ziegler J,Pickles J. GIS for the Urban Environment[J].

Journal of the American Planning Association,2006,74(2):225-255.

[25] 王桥,魏斌. 国家环境地理信息系统建设与发展研究[C]//中国地理信息系统协会 1999 年年会. 1999.

[26] 傅国伟,程振华. 水质管理信息系统的开发与设计[J]. 环境科学,1998(4):4-12,98.

[27] 袁进春. 环境管理信息系统的研究现状和发展趋势[J]. 环境科学,1987(5):77-81.

[28] 宋力,王宏,余焕. GIS 在国外环境及景观规划中的应用[J]. 中国园林,2002,18(6):56-59.

[29] Canter L W. Environmental Impact Assessment[M]. New York:McGraw-Hill,1996.

[30] Glasson J,Therivel R,Chadwick A. Introduction to Environmental Impact Assessment[J]. Water Resources Protection,2011,32(3):197-198.

[31] Beathley Timothy. Planning and Sustainability:the Elements of a New Paradigm[J]. Journal of Planning Literature,1995,9(4):383-395.

[32] Dangermond J. GIS——Geography in Action[J]. ArcNews,v. 30,n. 4,2008:6-8.

[33] Schwarz-v. Raumer. GeoDesign-Approximations of a catchphrase[J]. Buhmann/Ervin/Tomlin/Pietsch(Eds.):Teaching Landscape Architecture-Prelimenary Proceedings,Bernburg,106-115.

[34] Ervin S. A System for Geodesign[J]. Buhmann/Ervin/Tomlin/Pietsch(Eds.):Teaching Landscape Architecture-Prelimenary Proceedings,Bernburg,145-154.

[35] Steinitz C. Landscape Architecture into the 21st Century-Methods for Digital Techniques[J]. Buhmann/Pietsch/Kretzler(Eds.):Digital Landscape Architecture 2010,Wichmann Verlag,VDE Verlag GmbH,Berlin and Offenbach,2-26.

[36]   Flaxman M. Fundamentals of Geodesign[J]. Buhmann/Pietsch/
       Kretzler(Eds.):Digital Landscape Architecture 2010,Wichmann
       Verlag,VDE Verlag GmbH,Berlin and Offenbach,28-41.

[37]   Arnold V,Lipp T,Pietsch M,et al. Effektivierung der kommunalen
       Landschaftsplanung durch den Einsatz Geographischer Informations
       Systeme[J]. Naturschutz und Landschaftsplanung,2005:349.

[38]   Gontier M. Scale issue in the assessment of ecological impacts using
       a GIS-based habitat model-A case study for the Stockholm region
       [J]. Environmental Imapct Assessment Review,2007,27（5）:
       440-459.

[39]   Matthias Pietsch. GIS in Landscape Planning,Dr. Murat Ozyavuz
       (Ed.),http://www. intechopen. com/books/landscape-planning/
       gis-in-landscape-planning.

[40]   Calabrese J M,Fagan W. A Comparison-Shopper′s Guide to
       Connectivity Metrics[J]. Front Ecol Environ,2004,2(19):529-536.

[41]   Lange E. Integration of Computerized Visual Simulation and Visual
       Assessment in Environmental Planning[J]. Landscape and Urban
       Planning,1994,30(1-2):99-112.

[42]   Al-Kodmany K. Combining Artistry and Technology in Participatory
       Community Planning[J]. Berkeley Planning Journal,2016,13(1).

[43]   Warren-Kretzschmar B,Tiedtke S. What Role Does Visualization
       Play in Communication with Citizens? -A Field Study from the
       Interactive Landscape Plan [J]. Buhmann/Paar/Bishop/Lange
       (Eds.), Trends in Real-Time Landscape Visualization and
       Participation,Herbert Wichmann Verlag,2005:156-167.

[44]   岳隽,王仰麟,彭建. 城市河流的景观生态学研究:概念框架[J]. 生
       态学报,2005,25(6):1422-1429.

[45]   Zev Naveh. 景观与恢复生态学——跨学科的挑战[M]. 李秀珍,冷
       文芳,解伏菊,等,译. 北京:高等教育出版社,2010.

[46] 王贞. 灌木介入的城市河流硬质护岸工程景观研究[D]. 武汉:华中科技大学,2013.

[47] 邬建国. 景观生态学——概念与理论[J]. 生态学杂志,2000,19(1):42-52.

[48] 傅伯杰,陈利顶,马克明,等. 景观生态学原理及应用[M]. 2 版. 北京:科学出版社,2001:56,178-179.

[49] 肖笃宁,李秀珍. 景观生态学的学科前沿与发展战略[J]. 生态学报,2003,23(8):1615-1621.

[50] WANG Z. Application of the Ecotone Theory in Construction of Urban Eco-Waterfront [C]//2009 International Conference on Environmental Science and Information Application Technology. Wuhan,2009:316-320.

[51] 曾繁仁. 论生态美学与环境美学的关系[J]. 探索与争鸣,2008(9):61-63.

[52] 陈望衡. 环境美学的兴起[J]. 郑州大学学报(哲学社会科学版),2007,40(3):80-83.

[53] 李德仁. 论地理信息学的形成及其在跨世纪中的发展[J]. 世界科技研究与发展,1996(5):1-8.

[54] 王铮,丁金宏,等. 理论地理学概论[M]. 北京:科学出版社,1994:1-8.

[55] 苏迎春,周廷刚. 信息地理学的形成与发展[J]. 安徽农业科学,2008,36(34):15269-15271.

[56] 张超,杨秉赓. 计量地理学基础[M]. 2 版. 北京:高等教育出版社,1991:1-12.

[57] 王苏民,窦鸿身. 中国湖泊志[M]. 北京:科学出版社,1998.

[58] 刘安棋,钱云. 城市湖泊对中国城市周边地区发展影响研究——以苏州、南京、杭州三个典型为例[A]//IFLA 亚太区,中国风景园林学会,上海市绿化和市容管理局. 2012 国际风景园林师联合会(IFLA)亚太区会议暨中国风景园林学会 2012 年会论文集:上册. 2012:5.

[59] Hutchinson G. A Treatise on Limnology：Geography，Physics and Chemistry[M]. New York：John Wiley and Sons，1957.

[60] Schueler T，Simpson J. Why Urban Lakes are Different[J]. Ratio，Urban Lake Management，2004(2)：19，2001：747-750.

[61] 郑华敏. 论城市湖泊对城市的作用[J]. 南平师专学报，2007(2)：132-135.

[62] 韩忠峰. 城市湖泊的作用及整治工程的环境影响[J]. 环境，2006(S1)：12-13.

[63] 曾庆祝. 浅谈城市河湖的生态作用及建设[J]. 江苏水利，2001(12)：12-13.

[64] 王建国，吕志鹏. 世界城市滨水区开发建设的历史进程及其经验[J]. 城市规划，2001，25(7)：41-46.

[65] 张庭伟，冯晖，彭治权. 城市滨水区设计与开发[M]. 上海：同济大学出版社，2002.

[66] 盛起. 城市滨河绿地的亲水性设计研究[D]. 北京：北京林业大学，2009.

[67] 河川治理中心. 滨水地区亲水设施规划设计[M]. 苏利英，译. 北京：中国建筑工业出版社，2005.

[68] KRIEGER A. Remarking the Urban Waterfront [M]. ULI Press，2003.

[69] 杨锡臣. 湖泊水文学[J]. 地球科学进展，1991，6(6)：60-61.

[70] 潘文斌，黎道丰，唐涛，等. 湖泊岸线分形特征及其生态学意义[J]. 生态学报，2003，23(12)：2728-2735.

[71] 盛起. 城市滨河绿地的亲水性设计研究[D]. 北京：北京林业大学，2009.

[72] 陈伯超. 景观设计学[M]. 武汉：华中科技大学出版社，2010：29-30.

[73] 树全. 城市水景中的驳岸设计[D]. 南京：南京林业大学，2007.

[74] 赵飞. 滨水湖景观岸线设计探析[D]. 聊城：聊城大学，2014.

[75] 牛建忠. 石家庄环城水系生态环境设施研究[D]. 石家庄：河北科技

大学,2012.

[76] 盛起. 城市滨河绿地的亲水性设计研究[D]. 北京:北京林业大学,2009.

[77] 李金花. 山地城市滨水开放空间可达性研究初探[D]. 重庆:重庆大学,2009.

[78] 颜慧. 城市滨水地段环境的亲水性研究[D]. 长沙:湖南大学,2004.

[79] 胡小冉. 城市综合公园人工湖驳岸及亲水景观的改造与设计——以泾阳县泾干湖公园为例[D]. 咸阳:西北农林科技大学,2016.

[80] 荣海山. 城市湿地亲水性空间规划研究[D]. 重庆:重庆大学,2012.

[81] 城市土地研究学会. 都市滨水区规划[M]. 沈阳:辽宁科学技术出版社,2007.

[82] Engel S,Pederson Jr,JERRY L. The Construction,aesthetic and effects of lakeshore development:a literature review[R]. Wisconsin Department of Natural Resources,Madison,1998.

[83] Felföldy L. Fundamental hydrobiology（In Hungarian）[J]. Mezogazdasági Kiadó,Budapest,73-80.

[84] Naiman R J,Décamps H. The Ecology of interfaces:riparian zones [J]. Annual Review of Ecology and Systematics,1997,28:621-658.

[85] Ostendorp W,Schmieder K,Jöhnk K. Assessment of human pressures and their hydromorphological impacts on lakeshores in Europe [J]. International Journal of Ecohydrology and Hydrobiology,2004,4(4):379-395.

[86] Boromisza Z,Török É P,Ács T. Lakeshore-restoration-landscape ecology-land use:assessment of shore-sections,being suitable for restoration,by the example of lake velence（Hungary）[J]. Carpathian Journal of Earth and Environmental Sciences,2014,9 (1):179-188.

[87] Fischer R A,Fischenich J C. Design in recommendations for riparian corridors and vegetated buffer strips [J]. US Army Engineer

Research and Development Center, Environmental Laboratory, Vicksburg MS,17.

[88] Henderson C L, Dindorf C J, Rozumalski F J. Lakescaping for wildlife and water quality[J]. Minnesota Department of Natural Resources,1999:176.

[89] Hansson L A, Brodersen J, Chapman B B, et al. A lake as a microcosm: reflections on developments in aquatic ecology[J]. Aquatic ecology,2013,47(2):125-135.

[90] 李颖. 城市湖泊景观可持续营造研究[D]. 哈尔滨:东北农业大学,2013.

[91] 魏海波. 武汉市城市湖泊景观塑造研究[D]. 武汉:华中科技大学,2006.

[92] 陈存友,胡希军,郑霞. 城市湖泊景观保护利用规划研究——以益阳市梓山湖为例[J]. 中国园林,2014(9):42-45.

[93] 李静. 城市湖泊景观的保护与发展研究——以大明湖为例[D]. 北京:北京林业大学,2009.

[94] 熊清华. 城市湖泊生态景观恢复与更新研究[D]. 武汉:武汉理工大学,2008.

[95] 郑华敏. 城市湖泊景观规划设计的研究——以三水云东海湖为例[D]. 福州:福建农林大学,2005.

[96] 丁旭. 城市湖泊风景区景观规划与设计研究[D]. 哈尔滨:东北林业大学,2008.

[97] 黄婷. 城市湖泊型风景区景观设计初探[D]. 武汉:武汉大学,2004.

[98] 任亚萍,崔素娅. 滨水空间亲水性生态护岸的景观设计[J]. 信阳农业高等专科学校学报,2011,21(1):125-126.

[99] 胡小冉. 城市综合公园人工湖驳岸及亲水景观的改造与设计——以泾阳县泾干湖公园为例[D]. 咸阳:西北农林科技大学,2016.

[100] 孟东生,潘婷婷. 城市滨水景观亲水性设计的探析[J]. 艺术科技,2016,29(8):319.

[101] 刘佳玲. 探讨城市滨水空间的亲水性堤岸设计[D]. 福州:福建农林大学,2007.

[102] 荣海山. 城市湿地亲水性空间规划研究——以南宁市"中国水城"建设规划为例[D]. 重庆:重庆大学,2012.

[103] 吴然,李雄. 公园水体景观的亲水性研究——以成都活水公园为例[J]. 攀枝花学院学报,2012,29(5):48-50.

[104] ESRI E. White Paper. Redlands C A. ArcGIS [J]. New York,2004.

[105] ESRI E,White Paper. Redlands C A. ArcGIS[J]. New York,2004. http://downloads. esri. com/support/documentation/ao_/698What_is_ArcGis. pdf.

[106] Benjamins V R,Fensel D. The Ontologieal Engineering Initiative (KA)[A]//Formal Ontology in Information Systems. IOS Press,1998:287-301.

[107] 姚瑾. 基于GIS的环境信息数据库维护和共享的研究[D]. 西安:长安大学,2007.

[108] 高惠君. 城市规划空间数据的多尺度处理与表达研究[D]. 北京:中国矿业大学(北京),2012.

[109] 牛新征. 空间信息数据库[M]. 北京:人民邮电出版社,2014.

[110] 陈述彭,鲁学军,周成虎. 地理信息系统导论[M]. 北京:科学出版社,1999:29-31.

[111] 彭盛华. 流域水环境管理理论与实践[D]. 北京:北京师范大学,2001.

[112] 李贝. 基于GIS的武汉东湖水环境信息管理系统研究与开发[D]. 武汉:华中科技大学,2007.

[113] 高磊. 湖泊、水库水环境管理信息系统的构建与开发[D]. 北京:北京工业大学,2007.

[114] Zhang J. Multi-Source Remote Sensing Data Fusion:Status and Trends[J]. International Journal of Image and Data Fusion,2010,1

(1):5-24.

[115] 李晓,张剑锋,林忠,等. 基于 MapX＋Visual Basic 的专题地理信息系统二次开发——以开发海洋功能区划管理信息系统为例[J]. 福建师范大学学报(自然科学版),2002,18(4),105-109.

图 片 来 源

［1］ 图 1-1：http://bbs. gfan. com/android-4260472-1-1. html。

［2］ 图 1-6：http://news. china. com/domesticgd/10000159/20160704/ 22978819. html。

［3］ 图 1-7：Welcome to the Anthropocene，德意志博物馆出版，2015。

［4］ 图 1-14、图 4-3：ESRI E，white paper. Redlands C A. ArcGIS［J］. New York，2004. http://downloads. esri. com/support/documentation/ao _/698What_is_ArcGis. pdf P 92。

［5］ 图 1-15：http://www. esri. com/software/arcgis/arcgisengine/ex- tensions。

［6］ 图 1-16：http://desktop. arcgis. com/en/cityengine/latest/tutori- als/tutorial-19-vfx-workflows-with-alembic. htm。

［7］ 图 1-18："新一线城市研究室"微信公众号（TheRisingLab）文章《从 ofo 的运营数据中，你能看到的不仅仅是人们对共享单车的热情》；数据来 源：ofo 小黄车、新一线城市商业数据库、高德地图，2017-06-17。

［8］ 图 1-19：Pietsch M. ，Krämer M. Analyse der Verbundsituation von Habitaten und-strukturen unter Verwendung graphentheoretischer Ansätze am Beispiel dreier Zielarten［J］. Heidelberg：Herbert Wichmann Verlag， 2009：564-573.

［9］ 图 1-20：Schaller J，Mattos C. ArcGIS ModelBuilder Applications for Landscape Development Planning in the Region of Munich，Bavaria ［J］. 2010.

［10］ 图 1-21：Matthias Pietsch（2012）. GIS in Landscape Planning， Landscape Planning，Dr. Murat Ozyavuz（Ed. ），ISBN：978-953-51-0654-8， InTech，Available from：http://www. intechopen. com/books/landscape-planning/gis-in- landscape-planning。

　　[11] 图 3-12：https：//www. pinterest. de/pin/532339618436973887/。

　　[12] 图 4-1：http：//www. esri. com/news/arcnews/fall04articles/arc-gis-raster-data-model. html。

　　[13] 图 4-4：https：//gis. stackexchange. com/questions/106858/writ-ing-multiple-file-geodatabase-tables-into-csv-file-with-arcpy。

　　[14] 图 4-5：ESRI，ArcGIS8. 0 white' book：http：//dusk. geo. orst. edu/buffgis/what_is_arcgis. pdf。

　　[15] 图 5-2：http：//webhelp. esri. com/arcgisdesktop/9. 2/index. cfm? TopicName＝an_overview_of_arccatalog。

　　[16] 图 4-1、图 1-5 郭玉摄影，2017。

　　[17] 图 1-22 田飞摄影，2016。

　　[18] 图 3-6、图 3-23 李顶根摄影，2017。

　　除注明来源的图片，其余图片均为作者自摄或自绘。

后　　记

　　城市湖泊景观亲水性是一个复杂的综合概念,它既包含对亲水场所及周边环境等物质要素的研究(例如交通可达性、驳岸环境的生态性、亲水活动的组织、景观视线的创造、场地空间的适宜性等的营造),也有对使用者心理需求要素的满足(例如人的视觉、听觉、触觉对湖泊的反应,人的亲水喜好等)。

　　中外学者对城市湖泊的研究大多数集中于对湖泊生态环境的变化成因分析及改善措施的探索上。有关城市湖泊景观的研究分散于城市滨水景观研究的范畴之内,且多以大尺度、综合性的面貌出现,集中于护岸边坡的生态工程研究上,而忽略了人对湖泊的使用愿望和使用过程的研究。零零散散为数不多的有关城市湖泊景观亲水性的探讨多含糊其辞,甚至将"亲水性"的理念等同于"可达性"来阐述,从而将研究专注于交通可达性或者护岸形态研究上。本书则以环境设计的视角,从物质和心理两个层面探讨城市湖泊景观的概念、内涵及基础理论,试图将亲水性作为切入点,来厘清滨水景观设计中人与水的相互关系,理解人与水的互动逻辑,为营造良好的城市滨水开放空间提供有效的途径。

　　而传统的有关城市滨水景观的研究多使用定性研究的方法,其特点是主观描述过多。然而景观设计最终是要落实到工程实践的,实施往往与人们最初的美好愿景相去甚远。究其原因便是没有将设计的基础放在研究环境本身的自然规律和对客观条件进行科学分析上,实践证明主观臆断、拍脑袋的设计方案是不可能得到成功的。本书的研究坚持将 GIS 技术介入到传统的景观规划设计领域,重新认识、分析、再现人居环境所拥有的特征。然而地理信息系统从一开始就是为自动化制作地图而设计的,而我们这些环境设计师不是研究地图的,我们要研究的是作为地理现象的景观中的规律。研究规律最常用的方法就是建立模型,而地理信息系统最大的问题是不直

接支持模型运算,它的模型运算需单独进行,再将运算结果可视化、指导设计。不仅如此,研究者对于空间技术、模型建立和运算等知识的缺乏是一种普遍现象,即使在广泛的计算机或者地理学专家之中也是如此,对于城乡环境建设领域的学者、设计师们就更是明显的缺失。

近十年来,环境专业领域对空间技术应用的需求却在稳步增长,这也是促使我们下决心做本书研究的初衷。尽管由于专业背景所限,作者对于地理信息学知识的掌握还非常肤浅,使得我们在做这种跨学科研究时深感捉襟见肘、步履维艰。但正是如此的困境也使我们明白了跨学科研究的重要性,由此坚定了我们将研究继续下去的决心。千里之行始于足下,希望本书可以成为相关研究的一个小小开端,起到抛砖引玉的作用,为我国城市水环境建设提供有益的探索,辅助设计、引发研究。

本书的付梓深得各位同仁和师长的鼎力协助,首先要感谢万敏老师创办的工程景观学,为我们这些初启研究航程的学者提供了一个研究的崭新视角,并敦促我们在跨学科研究的探索中不断前行。还要感谢华中科技大学出版社此次申请的湖北省学术著作出版专项资金资助项目的基金为工程景观学系列图书的出版做了坚强的后盾,同时感谢华中科技大学创新研究基金(2015QN061)的资助,使得本研究得以立项。特别感谢建筑与城市规划学院李保峰院长、黄亚平院长、陈刚书记多年以来对我的支持与帮助,设计学系主任白舸老师、李梅老师在工作中的鼎力支持,与我一同任课的设计学系同仁王天杨、尚磊、郭玉、宋晓东、李敏等老师对我长期的包容与理解,我系资深教师辛艺峰、冷先平、匡小蓉等老师一直以来对我的信任与鼓励,我的合作者向隽惠、张何无分寒暑的无私付出,我的硕士研究生团队几年来每位参与整理资料、调研的成员们的艰苦努力也令我感激不尽。还要特别感谢的是易彩萍编辑从本书出版计划之初,一直到最后排版校正、封面设计等每一步的认真负责、耐心周到的服务,是本书得以按时出版的最重要保证。最后要感谢我的父母,本书写作过程正值酷暑假期,老父身染疾病,我不但没有时间陪伴他们,还需要他们照顾我和儿子的生活起居,作为女儿我亏欠他们太多。我也不是一个合格的母亲,儿子考上大学的这个假期本应彻底轻松享受假期,而我却没有时间陪他度假,甚至没有给他做过一顿像样的晚餐。现在我才深深地理解，与其说书是作者的书，不如说书是作者背后无数人共同付出的成果，这个领悟使我感到责任倍增，唯有认真研究、认真思考、认真写作，才能做到不负读者及亲友的厚爱。

2017 年 7 月 29 日
于武汉